KB266045

수학이 쉬워지는 최소한의 세계사

수학이 쉬워지는 최소한의 세계사

알고리즘, 정규분포, 게임 이론까지 역사를 움직인 18가지 수학 개념

후쿠스케 지음　이정현 옮김

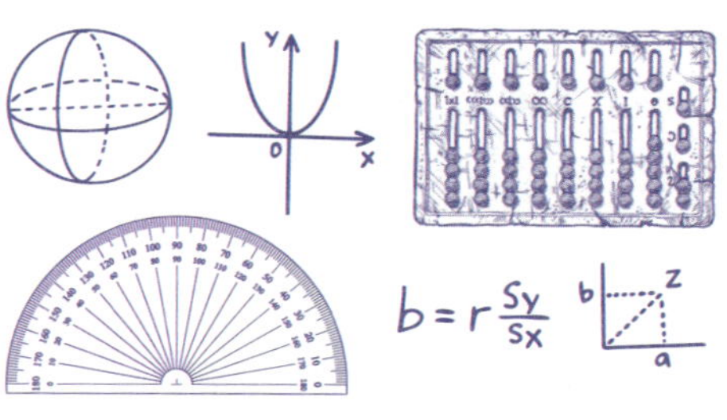

현대
지성

복잡한 수식 없이
수학으로 생각하는 법을 배우다

수학이라고 하면 흔히 교과서 속 공식이나 시험 문제를 떠올리지만, 인류의 역사를 돌아보면 수학은 언제나 역사의 중요한 전환점에 서 있었습니다. 수학은 전쟁의 승패를 가르고, 경제와 금융의 질서를 만들며, 정치적 의사결정의 한계를 밝혀내기도 하면서 조용하지만 결정적인 역할을 해왔지요. 『수학이 쉬워지는 최소한의 세계사』는 "수학이 세상을 어떻게 바꾸어왔는가"라는 질문을 통해 흥미진진하게 이야기를 풀어내면서 수학을 낯설어하는 독자에게도 자연스럽게 다가갑니다.

이 책의 가장 큰 장점은 수학을 계산의 기술이 아니라 사고의 도구로 소개한다는 점입니다. 덕분에 복잡한 수식을 거의 사용하지 않고도 수학이 세상을 만드는 데 어떤 역할을 해왔는지 쉽게 이해할 수 있습니다. 단순히 공식을 나열하지 않고 역사적 맥락과 이야기 속에 수학적 개념을 자연스럽게 녹여내서, 수학을 멀게 느껴왔던 이들도 깊은 수학적 사고를 경험하게 해줍니다.

수학은 특정 분야에 국한된 지식이 아니라 복잡한 세상을 이해하기 위한 언어이자 사고의 틀입니다. 생명의 질서를 설명할 때도, 사회의 구조를 해석할 때도, 수학은 언제나 보이지 않는 패턴과 관계를 드러내는 역할을 해왔습니다. 이 책은 그 사실을 역사 속 사례들을 통해 설득력 있게 보여주면서 수학이 현실과 동떨어진 학문이 아니라 시대를 움직여온 사고의 언어임을 깨닫게 합니다.

수학에 거리감을 느끼는 독자라도 이 책을 통해 수학에 한걸음 가까워지는 새로운 관점을 얻을 수 있을 것입니다. 『수학이 쉬워지는 최소한의 세계사』는 "왜 수학을 배워야 하는가"라는 질문에 대해 공식이 아니라 역사와 이야기로 답하는 책입니다. 수학이 우리 삶과 세상을 이해하는 데 얼마나 가까운 언어인지 차분히 일깨워주는 훌륭한 안내서입니다.

— 김재경 · KAIST 수리과학과 교수,
『수학이 생명의 언어라면』 저자

한 편의 드라마처럼 펼쳐지는
수학으로 보는 세계사

수학은 계산을 통해 우리의 삶을 바꾸고 또한 역사를 움직입니다. 『수학이 쉬워지는 최소한의 세계사』는 복잡한 계산 대신 각각의 계산이 품고 있는 이야기를 전달합니다. 수학 공식을 푸는 방법을 설명하기보다 수학적 사고방식을 길러주는 데 초점을 맞추고, 한 편의 드라마처럼 펼쳐지는 역사의 순간들을 통해 어려운 수학 개념을 쉽게 풀어냅니다. 아르키메데스의 위대한 사유가 어떻게 고대의 전장을 흔들었는지, 피보나치가 유럽에 도입한 숫자가 중세 상업의 지도를 얼마나 바꾸었는지, 존 내시의 게임 이론이 어떻게 제3차 세계대전을 막아냈는지, 수학자들이 어떻게 주식 시장의 변동을 예측했는지 차근차근 따라가다 보면 수학적인 개념을 자연스럽게 이해하고 받아들이는 스스로를 발견할 수 있을 것입니다.

이 책에서 펼쳐지는 놀라운 지적 모험은 이른바 '문과적 감수성'을 지닌 사람이라도 수학이라는 색다른 언어를 읽고 사용하는 방법을 익힐 수 있게 해줍니다. 학창시절부터 숫자 앞에만 서면 작아지던 독자라도 생생한 이야기를 통해 부담 없이 수학적 호기심을 경험할 수 있습니다. 추상적이고 멀리 떨어져 있는 학문처럼 느껴지던 수학이 사실은 언제나 우리 곁에서 조용히 작동해왔다는 사실을 깨달으면, 우리가 사는 세계가 지금까지와는 다른 질감으로 느껴질 것입니다.

— 궤도 · 과학 커뮤니케이터이자 DGIST 특임 교수,
『과학이 필요한 시간』 저자

왜 수학을 배워야 하냐고
묻는 이들에게

증명 없이도 자명한 진리로 인정되는 원리를 '공리'라고 합니다. 이러한 공리를 바탕으로 의심의 여지 없이 진실이라고 증명된 결론을 '정리'라고 부르지요. 수학은 이러한 공리와 정리를 이용해 빈틈 없는 논리를 쌓아가는 학문입니다.

수학에는 하나의 질문에 오직 하나의 답만이 존재합니다. 언어나 종교, 지역이나 시대가 달라져도 변하지 않는 거의 유일한 학문이라고 할 수 있습니다. 이처럼 수학은 시공간을 초월해 보편적으로 적용되는 논리를 담고 있기 때문에 인류 문명이 발전하는 데 핵심적인 역할을 하며 사회와 함께 발전해왔습니다. 좋은 쪽으로든 나쁜 쪽으로든 화제가 되고 있는 인공지능[AI] 역시 수학의 손길이 닿은 발명입니다.

역사를 돌아보면 패러다임 전환, 즉 우리가 세상을 인식하는 방식이 완전히 바뀌는 순간마다 수학이 존재했습니다. 14세기 이탈리아에서 시작되어 전 유럽으로 퍼져나간 르네상스 시대에도, 절대왕정을 무너뜨리고 시민이 주권을 갖는 계기가 된 18세기 프랑스 혁명기에도, 나라 간의 다툼을 넘어서 전 세계가 전화에 휘말린 20세기의 세계대전 시기에도, 세계적으로 커다란 영향을 미친 사건의 기저에서 언제나 수학을 찾아볼 수 있습니다.

수학을 왜 배워야 하냐는 질문에 흔히 '일상생활에도 수학이 깃들어 있기 때문'이라는 답을 듣곤 합니다. 하지만 오늘날 우리가 살아가는 데 필요한 것 이상으로 과거에는 수학이 더욱 절실히 필요했습니다. 수학은 머릿속에서 이루어지는 지적인 유희나 탁상공론이 아니라 우리가 살아가는 현실을 더 나은 곳으로 만드는 강력한 도구이기 때문입니다. 그러므로 과거에 수학을 어떻게 활용했으며 그 덕분에 어떤 변혁이 찾아왔는지를 알면 반대로 오늘날 수학이 얼마나 중요한지를 깨달을 수 있습니다.

이 책에서는 역사적으로 수학이 어떻게 발전해왔는지, 그 발전이 세계에 어떤 영향을 미쳤는지 되짚어볼 것입니다. 경제, 정치, 전쟁이라는 세 분야를 중심으로 살펴보기 때문에 얼핏 수학과는 거리가 멀어 보일 수도 있지만, 깊이 들여다보면 모든 변화의 순간에 수학이 숨어 있다는 사실을 알 수 있습니다. 단 한 걸음을 나아가기 위해, 오직 하나의 성과를 달성하기 위해 수많은 수학자들이 서로 돕고 경쟁하며 대립하는 모습은 생생한 역사의 드라마 그 자체입니다. 이 책에 수록된 18가지 이야기를 읽다 보면 인류 문화가 수학과 함께 발전해가는 양상을 생생히 느낄 수 있을 것입니다. 지금까지 수학이 따분하고 어려운 학문이라고만 생각해왔더라도 이 책을 읽으면 수학이 얼마나 흥미진진하고 유용한 학문인지 완전히 새로운 관점으로 볼 수 있게 될 것입니다.

수학적 개념을 설명하는 과정에서 수식을 사용하기도 하지만, 중학교 수준의 수학적 기초가 있으면 누구나 이해할 수 있도록 정리했습니다. 또한 개념을 전달하는 데 집중하기 위해 복잡한 계산은 일부 생략하거나 단순화하기도 했습니다. 그럼에도 수학에 익숙지 않다면 다소 난해해 보일 수 있지만, 찬찬히 훑어보며 설명을 따라가면 수학의 즐거움을 느낄 수 있을 것입니다.

수학의 세계에 오신 여러분을 환영합니다.

1장

기원전부터 중세까지

수학의 기틀이 만들어지다

로마를 두려움에 떨게 한 수학자의 최종병기 | 20

_아르키메데스의 포물선

목욕탕에서 문제의 답을 찾아내다 | 섬 하나를 두고 충돌한 두 강대국 | 로마의 군대를 농락한 수학의 거인 | "내 원을 밟지 말게!"

대무역 시대에 혁명을 일으킨 숫자 체계 | 38

_피보나치의 아라비아 숫자 도입

로마 숫자의 치명적 문제 | 이슬람 문화가 발전시킨 중세 수학 | 유럽에 0이 도입되다 | 아라비아 숫자에 빛이 비추던 날

3장 근대 혼돈 속에서 질서를 찾아낸 수학

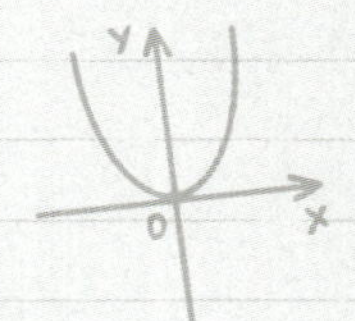

4장 | 현대
수학으로 평화의 시대를 열다

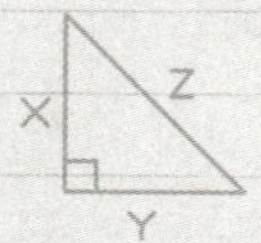
X
Z
Y

기원전

9세기
카르타고 건국

8세기
시라쿠사 건국

로마 건국

4~3세기
로마,
이탈리아반도
통일 전쟁

264년
제1차
포에니 전쟁
발발

287년
아르키메데스
탄생

1299년
피렌체,
아라비아 숫자
사용 금지

13세기
유럽 각지에
대학교 설립,
아라비아 숫자
전파

1202년
피보나치,
『산반서』 출간

1170년
레오나르도
피보나치 탄생

12세기
십자군 전쟁
영향으로
지중해 무역
번성

수학의 기틀이
만들어지다

219년
제2차
포에니 전쟁
발발

214년
로마,
시라쿠사 공방전
개시

212년
시라쿠사 함락

146년
제3차
포에니 전쟁
발발

1096년
제1차
십자군 원정
시작

9세기
알콰리즈미,
인도 기수법
전파

7세기
인도, 0 포함
기수법 완성

기원후

6세기
중세 유럽
암흑기
시작

로마를 두려움에 떨게 한
수학자의 최종병기

아르키메데스의 포물선

아르키메데스의 지혜는 너무나 깊어서
인간의 힘으로는 도저히 이룰 수 없는 경지처럼 보였다.

— 플루타르코스, 『플루타르코스 영웅전』中

서양의 역사뿐만 아니라 수학의 역사를 논할 때도 고대 그리스 시대는 빠뜨릴 수 없는 중요한 시기입니다. 고대 그리스 시대는 에게해 연안에 느슨하게 퍼져 있던 도시국가들이 로마에 의해 점령당하기 전까지의 시기를 일컫습니다. 명확한 시기에 대해서는 학자마다 의견이 다르지만 대체적으로 지금으로부터 약 3,000년 전인 기원전 1100년경부터 기원전 146년까지의 기간이 이에 해당합니다. 이 시기에 활약한 대표적인 수학자로는 직각삼각형에 숨어 있는 수학적 법칙을 정리한 피타고라스Pythagoras, 최초로 기하학을 체계적으로 정리하여 '유클리드 기하학'이라는 수학 체계를 만든 에우클레이데스Eukleides가 있습니다.

수학이 쉬워지는 최소한의 세계사

◀**아르키메데스** 16~17세기 이탈리아 바로크 화가 도메니코 페티Domeinico Fetti가 그린 〈학자의 초상〉. 종이 위의 기하학 문제를 풀기 위해 고심하는 학자의 모습을 담은 그림으로, 갈릴레오 갈릴레이를 그린 것이라는 설도 있으나 고대 그리스의 수학자인 아르키메데스의 모습을 상상하여 그렸다는 주장이 유력하다.

기하학이라고 하면 흔히 원이나 삼각형과 같은 도형을 다루는 수학의 한 분과라고 생각하기 쉽지만, 사실 기하학은 농경과 건축에 없어서는 안 되는 매우 중요한 학문입니다. 과거에는 지금처럼 물길이 잘 정비되어 있지 않아서 홍수가 날 때마다 강물이 범람해 토지의 경계가 자주 무너지곤 했습니다. 이러한 문제를 해결하려면 땅을 측량하는 기하학 지식이 필수적이었습니다.

기하학의 실용성은 실로 대단해서 농경과 건축뿐만 아니라 전쟁에도 어김없이 그 힘을 발휘했습니다. 이탈리아반도를 점령한 로마가 시칠리아섬에 있는 작은 나라인 시라쿠사까지 출병했을 때, 상대적으로 작은 도시국가였던 시라쿠사가 2년이나 버틸 수 있는 힘이 바로 기하학에서 나왔기 때문입니다. 이 전쟁은 결국 로마의 승리로 막을 내렸지만 로마는 시라쿠사를 공략하는 동안

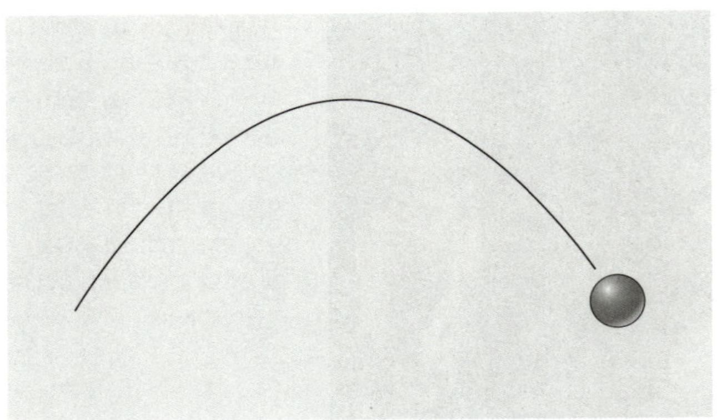

▲**포물선** 아르키메데스가 시라쿠사를 지키기 위해 고안한 병기에 숨어 있는 핵심적인 수학 개념은 포물선이었다.

몇 차례나 쓰라린 패배를 경험해야 했습니다. 시라쿠사가 보인 이러한 놀라운 저력 뒤에는 천재라고 불리던 수학자 아르키메데스Archimedes가 있었습니다. 아르키메데스는 수학 지식을 이용해서 로마군을 두려움에 떨게 만드는 병기를 만들어 시라쿠사를 지켜냈습니다. 그래서 이 전쟁을 로마의 명장 마르쿠스 클라우디우스 마르켈루스Marcus Claudius Marcellus와 천재 수학자 아르키메데스의 전쟁이라고 부르기도 합니다.

이 전쟁에서 아르키메데스가 사용한 수학적 지식은 한두 가지가 아니지만 여기서는 포물선 개념에 초점을 맞추어 살펴보려고 합니다. 포물선은 우리가 공을 위로 높이 던질 때 공이 그리는 궤적의 형태입니다. 중력을 거슬러 위로 떠오른 공은 정점에 이르렀다가 올라갈 때와 대칭적인 궤적을 그리며 다시 바닥으로 떨어짐

수학이 쉬워지는 최소한의 세계사

니다. 우리 주변에서 흔히 찾아볼 수 있는 모습이지요. 이제부터 수학의 천재 아르키메데스가 포물선을 이용해 로마군의 맹공에서 시라쿠사를 2년이나 지켜낸 방법을 알아보겠습니다.

목욕탕에서 문제의 답을 찾아내다

아르키메데스는 기원전 3세기에 활동했던 고대 그리스의 대표적인 과학자이자 수학자입니다. 당대의 가장 뛰어난 수학자라는 평을 받으며, 목욕하다가 문제의 해답을 얻어 알몸으로 거리를 뛰어다녔다는 일화로 유명한 인물이기도 합니다.

당시 시라쿠사의 왕이었던 히에론 2세는 금세공사에게 순금으로 왕관을 만들게 했습니다. 그런데 완성된 왕관을 받아본 왕은 금세공사가 불순물을 섞어 왕관을 만든 것 같다는 의심을 품습니다. 이에 히에론 2세는 아르키메데스에게 "왕관을 훼손하지 말고 왕관이 순금으로 만들어졌는지 알아내라"는 명령을 내립니다. 하지만 당시의 기술로 금괴처럼 반듯하지 않고 불규칙적으로 생긴 왕관을 망가뜨리지 않고 조사하기란 쉽지 않은 일이었습니다. 아르키메데스는 목욕을 하면서도 고민을 계속하다가 물이 흘러넘치는 욕조를 보고 문제 해결의 열쇠를 찾아냈습니다. 물이 가득 담긴 욕조에 왕관을 넣으면 그 부피만큼 물이 넘쳐 흐를 것이므로, 이를 왕관과 같은 무게의 순금을 넣고 넘쳐 흐른 물의 양과 비교하면 불순물이 섞였는지 여부를 판별할 수 있다고 본 것입니다. 왕관에 금이 아닌 다른 금속이 섞였다면 밀도가 달라져서 같은 무게라도 더 많은 부피를 차지할 것이기 때문입니다. 아르키메데스는 이 방법을 이용하여 금세공사가 왕에게 받은 순금에 불순물을 섞었다는 사실을 밝혀냈습니다.

이처럼 액체에 어떤 물건을 넣으면 그 물건의 부피만큼 액체가 위로 올라가는 법칙을 부력의 원리라고 하는데, 이 법칙을 처음 발견한 사람의 이름을 따서 '아르키메데스의 원리'라고도 부릅니다. 욕조에서 넘쳐나는 물을 보고 이 사실을 깨달은 아르키메데스는 너무나도 흥분한 나머지 "알았다!", 즉 "유레카Eureka!"라고 외치며 알몸으로 거리를 뛰어다녔다고 합니다.

왕이 직접 자문을 구할 정도였으니 아르키메데스의 명성이 얼마나 높았는지는 충분히 미루어 짐작할 수 있을 것입니다. 그는 시라쿠사에서 태어났지만 당시 학문의 중심지였던 이집트의 알렉산드리아에서 유학했고, 젊은 시절부터 수학과 물리학에서 비범한 재능을 발휘했다고 합니다. 이집트에서 유학하던 시절에는 나일강 주변에 사는 농부가 강에서 물을 끌어 올리느라 고생하는 모습을 보고, 기울어진 긴 원통 안에 커다란 나선형 날개를 넣은 장치를 고안하기도 했습니다. 축을 돌리면 나선으로 배치된 날개가 회전하면서 강물을 퍼올려서 농경지에 효율적으로 물을 댈 수 있게 해주는 장치로, '아르키메데스의 나선양수기' 혹은 '아르키메데스의 나선식 펌프'라고 불립니다. 이 장치는 배에서 해수를 배출하는 데에도 이용되면서 지중해 전역으로 퍼져나갔습니다.

나선양수기를 비롯한 여러 발명품 덕분에 지중해 지역에서 아

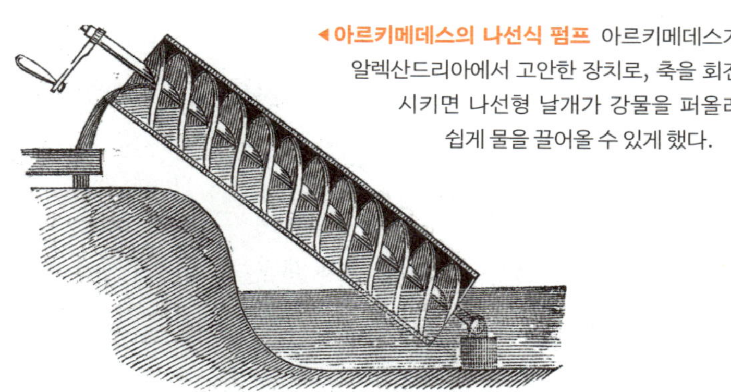

르키메데스의 명성은 점점 높아졌습니다. 하지만 그는 동시대의 다른 학자들과 달리 연구하기에 최적의 환경이었던 알렉산드리아를 떠나서 태어난 고향 시라쿠사로 돌아왔습니다. 고대 그리스의 역사가 플루타르코스Plutarchus가 쓴 역사서인 『플루타르코스 영웅전』은 아르키메데스가 시라쿠사의 왕인 히에론 2세와 친척이었다고 밝히고 있는데, 이에 따르면 시라쿠사에서는 왕의 비호를 받으며 연구에 매진할 수 있었기 때문으로 보입니다.

실제로 시라쿠사에서도 아르키메데스는 뛰어난 업적을 남겼습니다. 앞서 언급한 부력의 원리를 발견한 것 외에도 포물선으로 둘러싸인 부분의 넓이를 구하는 법을 알아냈을 뿐만 아니라, 오늘날에는 파이(π)라고 불리는 원주율을 소수점 두 번째 자리까지 구해서 3.14라는 값을 찾아냈고, 구의 부피를 구하는 법을 고안하는 등 수학의 역사에 한 획을 그었습니다.

아르키메데스는 이렇듯 수학 연구를 계속하면서 예순을 넘길 때까지 비교적 순탄한 인생을 살았다고 기록되어 있습니다. 하지만 그런 그에게도 점차 시대의 풍랑이 닥쳐오기 시작했습니다.

섬 하나를 두고 충돌한 두 강대국

기원전 3세기까지만 해도 지중해의 패권을 쥔 국가는 카르타고였습니다. 현재 아프리카 대륙의 튀니지 영토에 자리 잡았던 카르타고는 로마보다 약 60년 먼저 건국되어 강대한 해군력을 갖추고 있었고, 로마는 빠르게 성장하면서 점차 세를 불려가는 신흥국이었습니다. 이 두 나라는 지중해의 패권을 두고 무려 120년 동안 계속되는 전쟁에 돌입하는데, 이 전쟁을 포에니 전쟁이라고 부릅니다.

카르타고가 아프리카 대륙과 유럽 대륙 사이의 무역을 통해 지중해 서쪽의 해상권을 쥔 강력한 국가로 성장하면서 아프리카 대륙과 이탈리아반도 사이에 있는 시칠리아는 자연히 지중해 지역의 중요한 무역 거점이 되었습니다. 이 무렵 이탈리아반도의 로마 역시도 시칠리아를 통해 해상으로 진출하려는 야망을 품었고, 그 결과 시칠리아 지역을 두고 카르타고와 로마 사이에 제1차 포에니 전쟁(기원전 264~241)이 일어납니다. 시라쿠사는 이때 카르타고와 동맹을 맺고 로마와 전투를 벌였으나 패배하고 로마에 충성을 맹세했지요.

그러나 제2차 포에니 전쟁(기원전 218~201)에서 시라쿠사는 카르타고의 지원을 받아 다시 로마와 전쟁에 돌입합니다. 카르타고의

수학이 쉬워지는 최소한의 세계사

▲기원전 3세기 지중해 시라쿠사는 이탈리아반도 옆 시칠리아섬에 있었던 도시국가로, 이탈리아 남부의 도시국가들에 강력한 영향력을 지니고 있다.

명장 한니발Hannival이 전투 코끼리 군단을 이끌고 험난한 알프스 산맥을 넘어 북쪽에서부터 이탈리아로 진군한 것이 이때의 일입니다. 동시에 남쪽에서는 두 강대국 사이에 위치하여 전황의 열쇠를 쥔 시라쿠사에서 중요한 전투가 벌어지면서, 북쪽에서는 한니발이 로마를 침공하고 남쪽에서는 로마가 시라쿠사를 공략하는 형국이 만들어졌습니다. 아르키메데스는 바로 이 시라쿠사 공방전에서 무려 2년이나 자국을 지켜냈습니다. 오로지 수학 지식을 바탕으로 무기를 고안해서 압도적인 군사력을 자랑하던 로마의 전함을 막아낸 것입니다. 당시 시라쿠사 공방전을 이끌었던 로마의 장군 마르켈루스는 아르키메데스의 무기를 보고 로마군이 느꼈던 공포를 이렇게 표현했습니다.

그 기하학자가 바닷가에 앉아서 소꿉장난을 하고 있는
꼴이군. 우리 배를 마음대로 뒤집으며 장난을 치다니 이
게 무슨 수치인가. 브리아레오스Briareus가 창살을 날린다
해도 이보다는 나을걸세!

브리아레오스란 그리스로마 신화에 등장하는 거인으로 우라노
스와 가이아의 세 아들 중 하나이며 50개의 머리와 100개의 손을
지녔다고 일컬어집니다. 로마군이 얼마나 아르키메데스를 두려워
했는지 알 수 있는 일화입니다.

로마의 군대를 농락한 수학의 거인

아르키메데스가 로마의 전함에 대응하기 위해 발명한 무기는
갈고리와 투석기, 거울이었습니다. 첫 번째는 '아르키메데스의 갈
고리'라는 이름으로 알려져 있는데, 지레의 원리와 도르래를 이용
하여 연안에 상륙하려는 적군의 배를 전복시키는 병기였다고 합
니다. 애초에 지렛대의 원리 역시도 아르키메데스에 의해 발견되
었으며, 4세기의 수학자인 알렉산드리아의 파포스Pappos가 남긴
기록에 따르면 아르키메데스는 지레의 원리를 설명하며 "충분한
공간이 주어진다면 지구라도 들어 보이겠다"라고 호언장담했다
고 합니다. 갈고리에 대해서는 상세한 기록이 남아 있지 않아 정
확한 구조는 알 수 없지만 도르래를 이용하여 배를 들어올렸다가
한순간에 줄을 풀어서 침몰시켰던 것으로 추정됩니다.

수학이 쉬워지는 최소한의 세계사

◀ **아르키메데스의 갈고리의 작동 방식** 갈고리와 지레의 원리, 도르래를 이용하여 배를 들어올려 전복시키는 일종의 기중기였을 것으로 추정된다.

▲〈아르키메데스의 갈고리〉 17세기 피렌체의 건축가 줄리오 파리지Giulio Parigi가 그린 아르키메데스의 갈고리 상상도.

투석기와 거울은 앞에서 소개한 포물선 개념을 활용한 무기입니다. 바위를 던져서 멀리 떨어진 적군을 공격하는 투석기에는 포물선의 원리 외에도 지레와 도르래의 원리가 함께 사용되었는데, 무게가 250킬로그램이나 나가는 큰 바위도 너끈히 던질 수 있었으며 명중률도 놀라운 수준이었다고 합니다. 포물선의 궤도를 계산하고 여러 번의 시험 발사를 거쳐서 각도와 힘을 조절한 덕분이었습니다. 포물선의 궤도는 현대에 밝혀진 수학, 물리학적 지식을 바탕으로 충분히 계산해볼 수 있으므로, 아르키메데스가 투석기를 설계할 때 고려했을 요인들을 잠시 들여다보겠습니다.

투석기로 바위를 던져서 40미터 떨어져 있는 배를 맞추려면 얼마만큼의 속도로 바위를 던져야 할까요? 무언가를 던져서 맞추는 가장 빠른 경로는 일직선으로 쏘는 것이지만, 물체를 아래로 잡아당기는 중력이 존재하는 지구에서는 위로 비스듬히 쏘아 올려 포물선 궤적을 그릴 수밖에 없습니다. 계산의 간략화를 위해 투석기와 배가 같은 높이에 있으며 투석기의 발사 각도가 45도라고 할 때 얼마만큼의 속도로 던져야 바위를 배에 명중시킬 수 있을지, 우리가 구해야 할 바위의 초기 속도를 초속 v미터라고 하고 과정을 따라가보겠습니다.

바위를 비스듬히 위로 던지면 왼쪽과 위로 향하는 힘이 동시에 작용합니다. 초기에 가한 힘을 바닥과 수평으로 작용하는 힘, 바닥과 수직으로 작용하는 힘으로 나누어 생각하면 그림과 같이 직각삼각형의 형태가 나오므로 피타고라스의 공식을 사용할 수 있

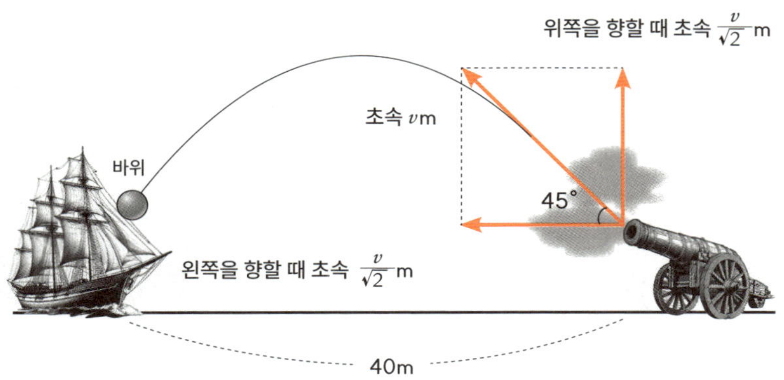

▲**아르키메데스의 투석기 모델** 현대 물리학 지식을 바탕으로 계산한 상상도.

습니다. 피타고라스의 공식은 직각삼각형에서 서로 직각을 이루는 두 변 a, b와 빗변 c에 대해 언제나 $a^2+b^2=c^2$라는 식이 성립한다는 내용을 담고 있습니다. 각 방향으로 이동하는 속도를 직각삼각형의 각 변의 길이라고 생각하면 피타고라스 공식에 따라 위쪽을 향할 때 속도와 왼쪽을 향할 때 속도는 각각 초속 $\frac{v}{\sqrt{2}}$ 미터가 됩니다.

만약 발사한 이후에 아무런 힘이 작용하지 않는다면 이 바위는 초속 $\frac{v}{\sqrt{2}}$ 미터의 속도로 직선 운동을 하겠지만, 지구에서 바위를 던져올린 이상 중력의 영향을 받을 수밖에 없습니다. 그러므로 바위가 투석기를 떠난 순간부터 바위를 아래로 끌어당기는 힘, 즉 중력가속도를 고려해야 합니다. 중력가속도는 약 초속 9.8미터이지만 여기에서는 계산의 편의를 위해 초속 10미터로 계산하고 공기 저항은 무시하겠습니다. 이에 따라 바위를 위로 던졌을 때 속도는 중력에 의해 1초에 약 10미터씩 줄어들 것이므로, 이 바위의 속도가 0이 될 때까지의 시간 t_1은 다음과 같이 구할 수 있습니다.

$$\frac{v}{\sqrt{2}} - 10t_1 = 0$$

$$t_1 = \frac{v}{10\sqrt{2}} \text{ (초 후)}$$

발사 직후 이 바위의 속도가 처음으로 0이 되는 순간은 가장 높은 지점, 즉 정점에 도달한 순간입니다. 따라서 바위가 발사되어 정점을 찍고 다시 바닥으로 추락할 때까지의 전체 체공 시간 t_2를 구하려면 t_1의 값에 2를 곱해주어야 합니다.

$$t_2 = \frac{v}{10\sqrt{2}} \times 2$$

$$= \frac{\sqrt{2}\,v}{10} \text{ (초)}$$

따라서 40미터 떨어져 있는 배에 바위를 맞출 수 있는 초기 속도 v는 다음과 같이 구할 수 있습니다.

$$\frac{v}{\sqrt{2}} \times \frac{\sqrt{2}\,v}{10} = 40$$

$$v = 20 \text{(미터/초)}$$

왼쪽으로 가는 속도는 중력의 영향을 받지 않으므로 $\frac{v}{\sqrt{2}}$로 일정합니다. 그리고 물체가 이동한 전체 거리는 이동 속도에 이동

수학이 쉬워지는 최소한의 세계사

▲〈아르키메데스의 거울〉 17세기 피렌체의 건축가 줄리오 파리지가 그린 아르키메데스의 거울 상상도.

시간을 곱하여 구하므로, 이에 따르면 발사각이 45도일 때 바위를 초속 20미터로 던지면 40미터 떨어져 있는 배에 맞힐 수 있습니다. 실제로 아르키메데스가 얼마나 정확하게 계산했는지는 알 수 없지만 어느 정도 정확도를 갖추었다면 약간 빗나가더라도 배 근처에서 수면을 요동치게 만들 수는 있었을 테니 로마의 전함들을 혼란에 빠뜨리기에 충분한 무기였을 것입니다.

마지막으로 '아르키메데스의 거울'은 포물선의 초점을 이용한 것입니다. 이 거울은 태양 빛을 반사하여 한곳으로 모아 불을 지르는 무기였는데, 돋보기로 종이에 불을 붙이는 것과 비슷한 원리입니다. 돋보기를 이용하면 렌즈에 의해 빛이 굴절되어 한 점에 모여 온도가 높아집니다. 반사와 굴절은 빛이 움직이는 방식은 다르지만 두 경우에는 모두 빛을 모은다는 공통점이 있습니다.

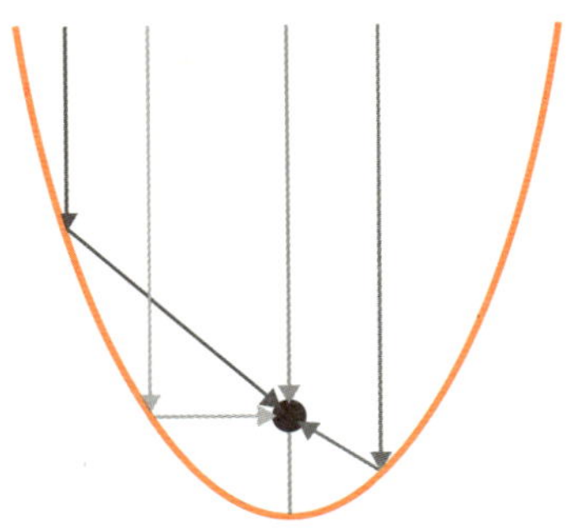

▲**포물선의 초점** 포물선의 축과 평행하게 포물선 내부로 들어온 빛은 한 초점을 향해 반사되어 모인다.

▲**파라볼라 안테나** 위성 통신에 사용되는 파라볼라 안테나는 포물선의 초점 개념을 응용해 만든다.

아르키메데스는 각도를 자유롭게 조절할 수 있는 큰 거울 여러 장을 포물선상에 위치하도록 배열하고, 목표가 멀리 떨어져 있을수록 포물선이 벌어진 정도를 넓게, 목표가 가까울수록 좁게 조정하며 초점의 위치를 자유자재로 바꾸었습니다. 거울에 반사된 빛이 한 점으로 모이기 때문에 그 지점의 온도가 높아져 배에 불이 붙는 원리입니다. 오늘날에는 파라볼라 안테나에 이 기술을 활용하는데, '파라볼라parabola'라는 단어가 포물선이라는 뜻을 지니고 있습니다. 접시와 유사하게 오목한 형태를 지니고 있어서 접시 안테나라고도 불리는 이 장치는 접시 안쪽을 반사판처럼 이용해서 포물선의 축과 평행하게 들어오는 빛을 포물선 내부의 한 점(초점)으로 모읍니다. 초점에 해당하는 부분에 신호를 주고받는 안테나를 설치하여 전파의 강도를 높이는 것입니다.

시라쿠사의 병사들은 이처럼 지레와 도르래, 포물선의 원리를 응용한 세 가지 병기를 이용해서 로마의 전함이 접근해오면 갈고리를 이용하거나 바위를 던져서 침몰시키고, 겁에 질려 도망치는 전함은 광선으로 불태웠다고 합니다. 『플루타르코스 영웅전』은 당시의 모습을 다음과 같이 전하고 있습니다.

모든 종류의 발사무기가 육상부대를 향해 날아갔다. 거대한 돌이 놀라운 소리를 내며 무서운 힘으로 떨어졌다. 그 누구도 이에는 대항할 수가 없었으므로 로마군의 대열은 깨어지고 곳곳에는 시체들이 산을 이루었다. 바다에서는 배들이 갈고리에 걸려 높이 떠올랐다가 물속에 떨어졌다. 어떤 배는 크레인 끝에서부터 내려진 손 같은 것에 한쪽 끝을 잡혀 곧게 세워졌다가 물속에 던져지기도 하고, 성 안에서 조종하는 밧줄에 걸려 절벽이나 성벽에 부딪혀 탄 사람들이 모두 무서운 죽음을 당하기도 했다.
여기저기 배들이 까마득하게 높이 매달려졌다. 배에 탄 군사들은 모두 바닷속에 떨어질 때까지 빙글빙글 휘둘러지다가 나중에는 바위에 던져지거나 바다에 떨어졌다.

로마 병사들 입장에서는 그야말로 '백 개의 팔을 지닌 거인'이 공격하는 것처럼 느껴졌을 것입니다. 전력만으로는 로마군이 압도적으로 유리했지만 인간의 한계를 넘어선 공격을 퍼붓는 거인을 상대로는 어찌할 방도가 없었습니다. 로마군은 바다를 통한 상륙을 포기하고 육로로 침입하려고 시도했지만, 병사들은 성벽 틈새에서 밧줄을 묶어둔 긴 막대기가 나오기만 해도 곧장 줄행랑을 쳤다고 전해집니다. 그만큼 아르키메데스의 무기에 대한 공포가 로마 병사들의 뇌리에 깊이 새겨졌던 것입니다.

그러나 이처럼 뛰어난 무기에도 불구하고 수적으로 불리했던 시라쿠사는 좀처럼 우위를 점하지 못했습니다. 결국 어느 쪽도 승기를 잡지 못하고 로마군과 시라쿠사군은 팽팽한 긴장 속에서 시간을 보낼 수밖에 없었습니다.

"내 원을 밟지 말게!"

오랫동안 지속되던 전쟁은 의외의 방식으로 끝을 맞이합니다. 시라쿠사 공방전이 시작된 지 2년이 지난 기원전 212년, 시라쿠사에서 아르테미스 여신을 기리는 축제가 열렸습니다. 사흘 간이나 이어지는 축제 도중에 로마군은 문지기들이 취한 틈을 타서 시라쿠사를 공략하는 데 성공합니다.

로마의 장군인 마르켈루스는 아르키메데스의 능력을 높이 평가하여 시라쿠사를 점령한 뒤 아르키메데스만은 산 채로 데려오라는 명령을 내렸습니다. 전해지는 이야기에 따르면 시라쿠사가 함락되던 날 아르키메데스는 모래 위에 원을 그리고 있었는데, 어느 로마 병사가 그 도형을 밟자 화를 내면서 "내 원을 밟지 말게!"

     수학이 쉬워지는 최소한의 세계사

하며 호통을 쳤다고 합니다. 아르키메데스를 알아보지 못했던 로마 병사는 화가 나서 그를 베어 죽였고, 병사는 결국 장군의 명령을 어긴 죄로 채찍질과 생가죽이 벗겨지는 형벌을 받았습니다. 마르켈루스는 아르키메데스의 죽음을 안타까워하며 거친 베옷을 입고 재를 뒤집어쓴 채 추도했으며 그가 생전에 연구했던 구와 원기둥을 새긴 묘비까지 세워 극진하게 장례를 치렀다고 합니다.

역사를 바꾼 결정적 수학

- 기하학은 고대부터 농경, 건축을 위해 반드시 필요한 학문이었다. 아르키메데스는 이 지식을 전쟁에 응용했다.

- 아르키메데스의 투석기는 포물선의 궤도를 이용했다. 공중에 돌을 던지면 포물선을 그리며 움직이므로, 포물선의 궤도를 계산하면 돌을 원하는 위치에 떨어뜨릴 수 있다.

- 햇빛을 모아 적의 함선을 태웠던 아르키메데스의 거울은 포물선의 초점을 이용했다. 목표가 멀수록 포물선의 벌어진 정도를 넓혀서 초점을 조절했다.

대무역 시대에
혁명을 일으킨 숫자 체계

피보나치의 아라비아 숫자 도입

아홉 개 숫자로 계산하는 법을 처음 보았을 때,
나는 순식간에 그 정교하고 탁월한 방식에 매료되었다.

— 레오나르도 피보나치, 『산반서』 中

우리는 0, 1, 2, 3, 4, 5, 6, 7, 8, 9라는 열 개의 기호를 이용해 아주 작은 수부터 엄청나게 큰 수까지 모두 표현할 수 있습니다. 숫자 기호와 '자릿값'이라는 개념을 이용하는 덕분입니다. 지금은 전 세계적으로 사용되는 이 기호를 '아라비아 숫자'라고 하는데, 7세기에 인도에서 완성된 이후 아라비아를 거쳐서 13세기에 유럽으로 전해졌기 때문에 '인도-아라비아 숫자'라고 불리기도 합니다. 이 숫자 체계의 가장 놀라운 점은 0의 도입입니다. 지금은 흔하게 사용하는 0의 등장은 수학의 역사에서 매우 결정적인 사건입니다. '아무것도 없는 것'을 표시하는 기호이기 때문에 고대 그리스에서는 "어떻게 없는 것을 나타낼 수 있단 말인

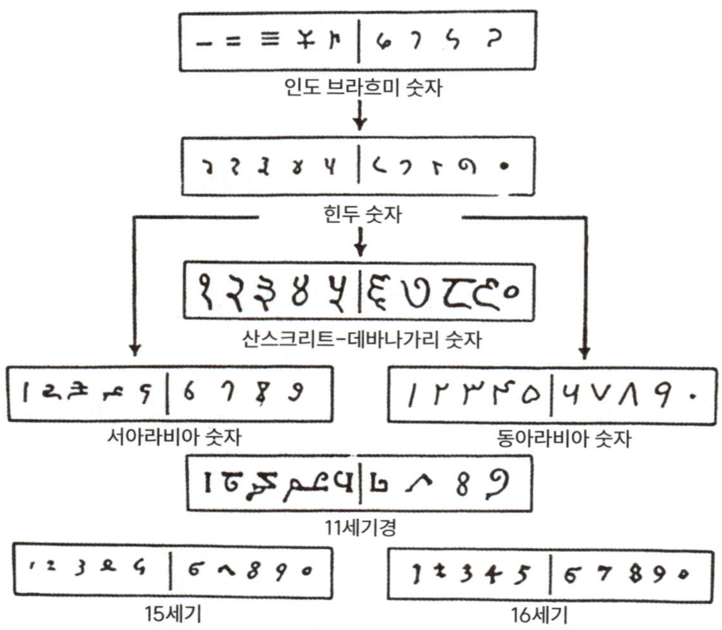

▲**아라비아 숫자의 발전 과정** 아라비아 숫자는 인도의 브라흐미 문자에서 출발했기 때문에 '인도 숫자'라는 표현이 더 적절하지만, 아라비아를 거쳐 유럽에 도입되었기 때문에 '아라비아 숫자'라고 불리게 되었다.

가?"라면서 0의 개념을 받아들이지 않았다고 합니다.

0이 왜 그렇게 중요할까요? 0은 숫자의 '자릿값'을 표현하는 데 매우 핵심적인 기호이기 때문입니다. 만약 0이 없다면 1과 100을 구분할 수 없었을 것입니다. 0을 이용해서 일의 자리, 십의 자리가 비어 있음을 표시한 덕분에 100과 1의 차이를 간단하게 파악할 수 있는 것입니다.

아라비아 숫자가 도입되기 전까지는 지역마다 수를 표기하는 방식이 달랐으며 아라비아 숫자에 비하면 비효율적이고 복잡해서 수를 읽고 쓰는 데 어려움이 컸습니다. 오늘날 쉽게 숫자를 비교하고 계산할 수 있게 된 것은 전적으로 아라비아 숫자가 도입된 덕분입니다.

그런데 이 획기적인 숫자 체계가 인도와 아라비아에만 머물지 않고 유럽까지 널리 퍼진 데에는 어느 수학자의 역할이 컸습니다. 피사에서 태어난 이탈리아의 수학자 레오나르도 피보나치Leonardo Fibonacci라는 인물입니다.

로마 숫자의 치명적 문제

11세기경 유럽에서는 종교적 성지인 예루살렘이 있는 레반트 지역의 지배권을 두고 가톨릭과 이슬람 세력 사이에 십자군 전쟁이 시작됩니다. 이슬람 원정을 위해 병력이 대규모로 이동하면서 지중해 지역에서는 이탈리아를 중심으로 해상 무역이 한층 활발하게 이루어졌습니다. 베네치아와 제노바, 피사 같은 연안 도시는 십자군 전쟁 전부터 상당한 규모의 상업 도시였는데, 이탈리아의 상인들은 십자군 전쟁의 기회를 이용해 상선으로 성직자와 군사 등을 실어 나르며 부를 축적했습니다. 십자군 전쟁 덕분에 지중해 연안뿐만 아니라 유럽 전역의 상업 활동이 크게 촉진되었다고 해도 과언이 아닙니다.

이 과정에서 상거래가 발달하면서 신용 대출이나 화폐 교환, 수

▲**11세기경 지중해 주변 지도** 베네치아, 제노바, 피사와 같은 이탈리아 북부의 연안 도시들은 십자군 전쟁에 힘입어 부유한 상업 국가로 도약했다.

표 지불 등 이전에는 존재하지 않았던 복잡한 거래 방식이 생겨나고, 자산의 증감을 장부에 기록하는 여러 부기簿記 방법이 탄생했습니다. 그리고 거래와 관련된 절차가 늘어날수록 상인들의 고민도 깊어졌습니다. 가장 큰 문제는 복잡한 숫자 표기와 번거로운 계산법이었습니다.

당시 유럽의 상인들은 로마 숫자를 사용하고 있었습니다. 아르키메데스 시대 이후 로마가 영토를 확장하면서 유럽 전역에서 로마의 문물을 받아들인 결과였습니다. 로마에서 숫자를 표기할 때는 일곱 가지 문자를 필요한 만큼 나열하여 수를 표현했는데, 이렇게 쓴 숫자는 한눈에 얼마나 큰 수인지 파악하기 어려웠고 계산도 쉽지 않았습니다.

1	5	10	50	100	500	1000
I	V	X	L	C	D	M

이 표기법에 따르면 37은 XXXVII, 2025는 MMXXV로 쓸 수 있습니다. 하지만 4나 90은 IIII나 LXXX로 표기하는 대신 각각 IV, XC라고 표기했습니다. 5나 10에서 1을 뺀다는 개념을 사용한 것입니다. 4는 5에서 1을 뺀 수이므로 5-1이라는 의미에서 IV, 90은 100에서 10을 뺀 숫자이므로 100-10이라는 의미에서 XC라고 표기한 것입니다. 이 체계에 따르면 로마 숫자로 표현할 수 있는 가장 큰 수는 3999, MMMCMXCIX이었습니다. 이러한 숫자는 계산하기도 어려워서 로마 숫자 체계를 사용하는 상인은 아래와 같은 문제를 만나면 골머리를 앓았습니다.

가격이 CCCXXIV데나리우스인 상품을 DXXXIX개 팔았다. 총 매출은 몇 데나리우스일까?

데나리우스는 로마 시대에 통용된 은화로, 1데나리우스는 노동자의 하루 임금이었다고 합니다. 이 문제를 로마 숫자로 계산하려면 막막하게 느껴지지만 아라비아 숫자를 사용해서 다시 쓰면 다음과 같습니다.

$$324 \times 539$$

 수학이 쉬워지는 최소한의 세계사

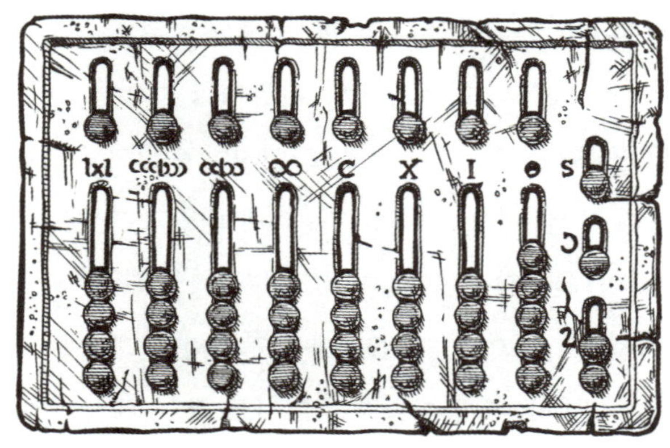

▲**로마 주판 '아바쿠스'** 로마 주판은 바빌로니아에서 유래된 것으로 추정되며, 홈을 판 널빤지 위에 작은 돌을 올려두고 셈하는 방식이었다.

현대의 시각으로 보면 초등학교 수준의 산수 문제로, 이 정도는 계산기가 없더라도 종이와 연필만 있으면 쉽게 답을 구할 수 있습니다. 하지만 앞에서 본 것과 같은 로마 숫자로는 필산을 할 수 없었습니다. 그래서 판 위에 작은 돌을 늘어놓은 도구인 로마식 주판 '아바쿠스abacus'를 이용해 계산했습니다. 그런데 아바쿠스는 계산 과정이 남지 않는다는 단점이 있어서 신용이 중요한 상거래에서는 사용하는 데 한계가 있었습니다.

이처럼 개인 간의 거래를 넘어서 화폐 단위가 다른 국가 사이의 교역이 활발해지고 큰 수를 자주 다루게 되면서 12세기 이후에는 읽고 쓰기 쉬운 숫자 표기법이 절실해졌습니다. 이러한 시대의 흐름을 빠르게 알아차리고 상거래에 혁명을 일으킨 수학자가 바로 피보나치입니다.

이슬람 문화가 발전시킨 중세 수학

피보나치는 1170년경 십자군의 기항지였던 이탈리아 피사에서 태어났습니다. 본명은 레오나르도이지만 이후에 '보나치의 아들'이라는 뜻에서 '피보나치'라고 불리게 되었고, 현재는 그 이름으로 널리 알려져 있습니다. 아버지인 굴리엘모 보나치Guglielmo Bonacci는 북아프리카의 부지에서 대규모 무역 거래소를 운영하고 있었기 때문에 아들에게 이슬람인 교사를 붙여 계산과 아라비아어를 가르쳤습니다. 6세기 이후 유럽은 수학을 비롯한 자연과학을 경시하는 중세 암흑기에 접어들어서 피보나치의 시대에는 유럽보다 이슬람에서 학문이 더 발달했기 때문입니다. 유럽의 암흑기 동안 수학의 발전은 알콰리즈미Al-Khwarizmi로 대표되는 이슬람인들에 의해 이루어졌습니다. 알콰리즈미는 페르시아에서 최초로 수학책을 만든 수학자로, 인도 숫자를 아라비아에 널리 알린 수학자이기도 합니다. 우리가 수학이라고 하면 흔히 떠올리는 수학의 분과인 '대수학Algebra'이라는 명칭이 그가 쓴 저서의 제목을 따서 만들어졌으며, 문제를 푸는 단계적 절차를 의미하는 '알고리즘algorithm'이라는 단어도 그의 이름에서 유래했습니다. 말하자면 굴리엘모는 아들에게 최

▲ **알콰리즈미** 소련에서 알콰리즈미 탄생 1,200주년을 기념하며 발행한 우표.

수학이 쉬워지는 최소한의 세계사

신 수학을 배울 수 있는 교사를 붙여준 것입니다.

이슬람인 교사에게서 아라비아 숫자를 이용한 계산법을 배운 피보나치는 이후 아버지를 따라 이집트, 시리아, 시칠리아, 남프랑스 등을 다니며 견문을 넓혔습니다. 상거래에 아라비아 숫자가 편리하다는 확신을 얻은 피보나치는 1200년에 유럽의 상인들에게 아라비아 숫자를 전파하겠다고 결심합니다.

유럽에 0이 도입되다

피보나치는 이탈리아로 돌아간 지 2년 만에 『산반서』를 완성합니다. '계산의 책'이라는 의미를 지닌 이 책은 도입부에서 아라비아 숫자를 다음과 같이 소개합니다.

> 인도인이 사용한 아홉 가지 기호란 9, 8, 7, 6, 5, 4, 3, 2, 1이다. 이 아홉 가지 기호에 아라비아인들이 '제피룸 zephirum'이라고 불렀던 '0'이라는 기호를 이용하면 어떤 수라도 표기할 수 있다.

유럽에서 0은 아라비아 숫자가 도입되기 전까지 존재하지 않았던 개념이었으므로 이 숫자를 일컫는 새로운 단어가 필요했습니다. 알콰리즈미는 0을 비었다는 의미의 아랍어인 '시프르sifr'라고 불렀는데, 피보나치는 이를 라틴어로 '제피룸'이라고 번역했고, 베네치아에서 '제로zero'로 축약되어 오늘날에 이릅니다.

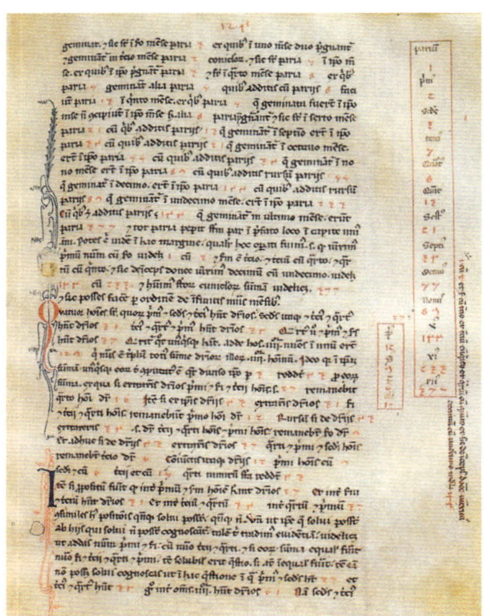

『산반서』의 1부에는 아라비아 숫자로 수를 표기하고 필산하는 방법이 설명되어 있었습니다. 예를 들어, 이 책에서 소개하는 방식대로 324×539를 계산하려면 먼저 곱하려는 두 수의 자릿수에 맞게 격자를 그린 다음, 곱할 두 개의 숫자를 각각 격자의 맨 위와 맨 오른쪽에 씁니다. 격자의 각 칸을 대각선으로 나누고, 해당하는 칸의 열과 행에 있는 숫자를 곱하여 십의 자리는 왼쪽 위에, 일의 자리는 오른쪽 아래에 적습니다. 예를 들어, 4와 5가 만나는 맨 위 오른쪽 칸을 보면 4×5=20이므로 왼쪽 위에 2, 오른쪽 아래에 0이라고 적혀 있는 것을 볼 수 있습니다. 그다음 오른쪽 아래부터 왼쪽 위 대각선을 따라 모든 숫자를 더해서 끝에 적습니다. 그림을 보면 대각선을 따라 오른쪽 맨 아래는 6이며 그다음 대각선은

수학이 쉬워지는 최소한의 세계사

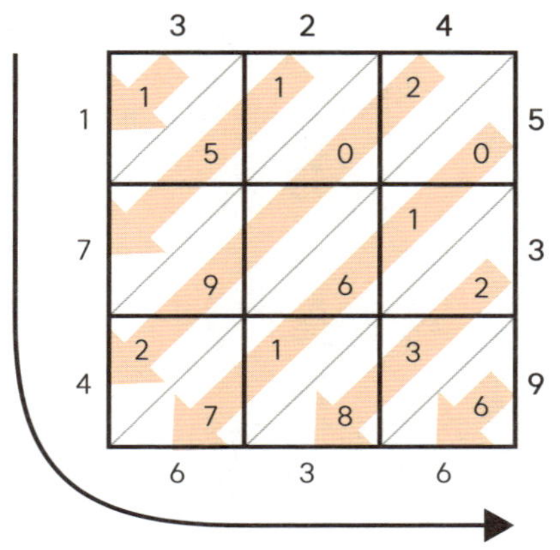

◀ **아라비아에서 유래된 격자 곱셈**
격자를 이용하여 324X539를 계산하는 방법. 두 개의 여러 자리 숫자를 곱할 때 사용했다.

2+3+8=13입니다. 이때 십의 자리는 다음 대각선으로 올리고 일의 자리만 적는 것입니다. 이렇게 덧셈을 계속하여 그 결과를 왼쪽 위부터 차례대로 나열하면 곱셈의 답을 구할 수 있습니다. 즉, 324×539의 답은 174636입니다.

『산반서』는 그 외에도 정수의 사칙연산이나 분수의 계산 방법 등 아라비아 숫자를 활용하는 법을 체계적이고 상세하게 설명하고 있었습니다. 2부에서는 상업과 직접적으로 관련된 화폐와 치수의 환산, 이익과 이자의 계산 등을 소개했는데, 그중 화폐 환산 문제를 살펴보겠습니다.

로마 화폐 1솔리더스는 12데나리우스다. 로마 화폐 1솔리더스가 피사 화폐로 31데나리우스라면, 로마 화폐 11데나리우스로 피사 화폐를 얼마나 얻을 수 있는가?

솔리더스는 로마 시대의 금화로, 은화 12개가 곧 금화 1개였습니다. 이 문제를 오늘날의 방식으로 풀어보면 다음과 같습니다.

$$12:31 = 11:x$$

$$x = 31 \times 11 \div 12 = \frac{341}{12} = 28\frac{5}{12}$$

피보나치는 1부에서 소개한 계산 방법을 활용하여 이 문제에 $\frac{5}{12}28$데나리우스라는 답을 냈습니다. 아라비아어는 문자를 오른쪽에서 왼쪽으로 쓰기 때문에 지금의 대분수 표기법으로 고치면 $28\frac{5}{12}$데나리우스가 됩니다.

이처럼 『산반서』는 이탈리아 화폐 제도를 반영했기 때문에 상인들은 순식간에 아라비아 숫자를 받아들였습니다. 하지만 이 새로운 숫자 체계가 도입되기 위해서는 넘어야 할 산이 더 남아 있었습니다.

아라비아 숫자에 빛이 비추던 날

중세 유럽은 과학적 올바름보다 신을 향한 믿음이 우선시되던 시대입니다. 그런 시대에 자연과학 연구로 이름을 남긴 것만 보아도 피보나치가 얼마나 뛰어난 인물이었는지 알 수 있습니다. 신성로마제국의 황제인 프리드리히 2세가 그의 역량을 확인하기 위해 주최한 수학 대회에서 피보나치는 출제된 세 문제를 모두 풀어내며 압도적인 수학 능력을 증명했습니다. 이 대회에 참석한 다른

수학이 쉬워지는 최소한의 세계사

수학자들은 세 문제 중 하나도 풀지 못했다고 합니다.

하지만 그가 유럽에 전파한 아라비아 숫자는 상거래에 유용했음에도 당시에는 널리 퍼지지 못했고 피렌체에서는 아라비아 숫자 사용을 금지하기에 이릅니다. 당시에는 인쇄 기술이 미비했기 때문에 책을 만들기 위해서는 사람이 일일이 손으로 옮겨 쓸 수밖에 없었는데, 쓰는 사람마다 모양이 조금씩 달라서 거래에서 상대방을 속이는 일이 자주 발생했습니다. 또한 0을 하나씩 붙일 때마다 자릿수가 올라간다는 편리함이 커다란 단점으로 작용하기도 했습니다. 100데나리우스라고 적힌 청구서에 0을 하나 더 붙이면 1,000데나리우스가 되기 때문입니다. 그래서 계산과 검산에는 아라비아 숫자를, 서류에는 로마 숫자를 사용하는 과도기가 나타났습니다. 이런 이유로 피보나치가 유럽에 아라비아 숫자를 전파한 것은 13세기의 일이었지만, 널리 사용되기 시작한 것은 14~15세기 르네상스 시대 이후가 될 수밖에 없었습니다.

📌 역사를 바꾼 결정적 수학

- 레오나르도 피보나치가 아라비아 숫자를 소개하기 전까지 유럽에서는 로마 숫자를 사용했다.

- 아라비아 숫자는 로마 숫자의 번거로운 표기와 어려운 계산을 쉽게 만들어주는 유용한 도구였다.

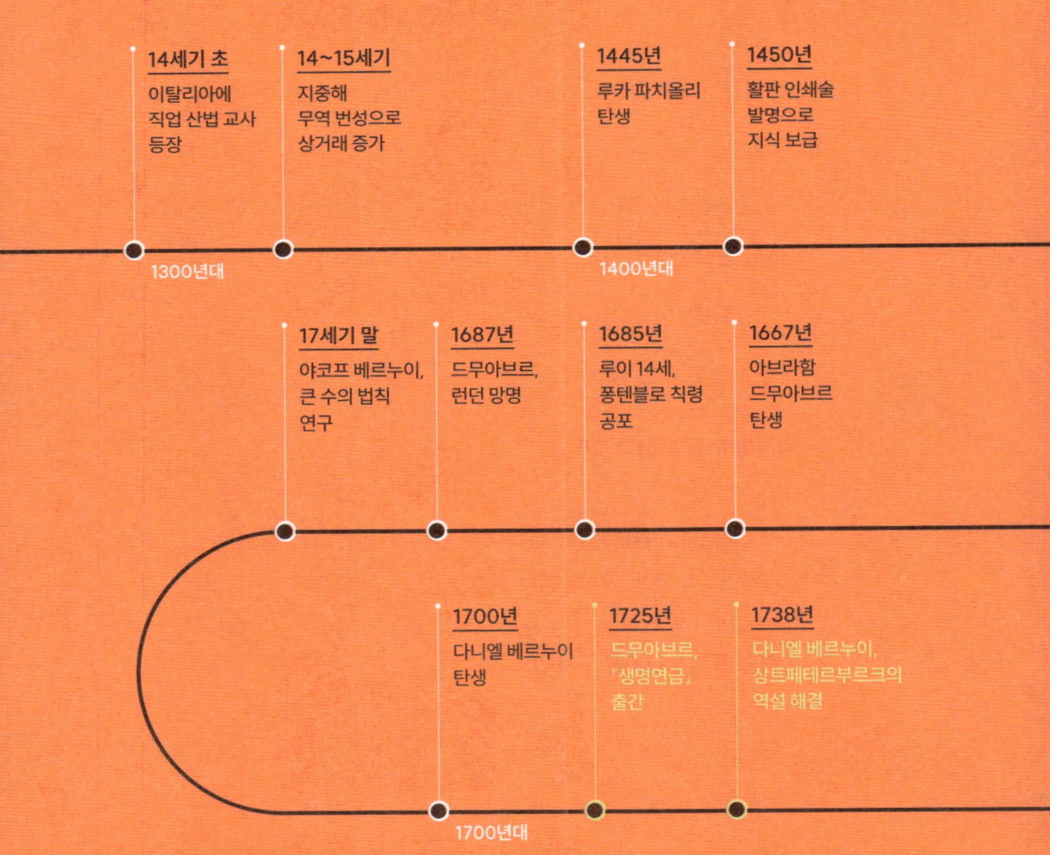

14세기 초
이탈리아에
직업 산법 교사
등장

14~15세기
지중해
무역 번성으로
상거래 증가

1445년
루카 파치올리
탄생

1450년
활판 인쇄술
발명으로
지식 보급

1300년대

1400년대

17세기 말
야코프 베르누이,
큰 수의 법칙
연구

1687년
드무아브르,
런던 망명

1685년
루이 14세,
퐁텐블로 칙령
공포

1667년
아브라함
드무아브르
탄생

1700년
다니엘 베르누이
탄생

1725년
드무아브르,
『생명연금』
출간

1738년
다니엘 베르누이,
상트페테르부르크의
역설 해결

1700년대

수학이 세상을 설명하는 언어가 되다

1494년
파치올리,
『산술집성』
출간

1517년
루터의
종교 개혁

1526년
프랑스
종교 전쟁
(위그노 전쟁)

1540년
프랑수아
비에트 탄생

1500년대

17세기
해상 무역 보험
요구 증가로
보험수학
필요성 대두

1598년
앙리 4세,
낭트 칙령
공포

16세기 말
비에트,
스페인 암호
해독

1589년
앙리 4세 즉위로
프랑스–스페인
대립 격화

1600년대

1743년
니콜라 드
콩도르세
탄생

18세기 중반
계몽사상의
영향으로
시민권에 대한
관심 증가

1762년
세계 최초 과학적
생명보험 회사
설립

1785년
콩도르세,
콩도르세의
역설·배심원
정리 발표

1789년
프랑스 혁명

돈의 흐름에
질서를 부여하다

복식부기는 인간이 낳은 가장 위대한 발명 중 하나다.

— 요한 볼프강 폰 괴테, 『빌헬름 마이스터의 수업시대』 中

유럽이 과학의 암흑기인 중세에서 과학과 문화가 융성한 르네상스로 나아갈 수 있었던 가장 큰 요인은 십자군 전쟁이었습니다. 이탈리아의 연안 도시들은 십자군 원정대의 통로 역할을 하면서 동방의 새로운 문물을 접하고 막대한 부를 축적하는데, 이러한 풍요에 힘입어 14세기부터 이탈리아의 피렌체를 중심으로 르네상스 시대가 시작됩니다. 신의 뜻에 따라 욕망을 절제하며 살아오던 신 중심의 세계관에서 인간의 아름다움과 감정을 자유롭게 표현하는 인간 중심의 세계관으로 시대 정신이 크게 변화한 것입니다.

해상 무역을 주도하던 이탈리아의 상인들은 무역선이 귀항하

▲**루카 파치올리** 파치올리는 프란체스코회 수도사의 상징인 수도복을 입고 왼손으로는 에우클레이데스의 『기하학 원론』을, 오른손으로는 지시봉을 들고 기하학 그림을 가리키고 있다. 화면 오른편의 인물은 파치올리의 후원자 또는 제자로 추정된다. 15~16세기 이탈리아의 화가 야코포 데바르바리Jacopo de' Barbari의 그림.

면 얼마나 벌었는지 파악하기 위해 '분개分介'라는 작업을 했습니다. 분개란 거래를 차변과 대변으로 분류하여 장부에 기록하는 작업입니다. 복식부기라고 부르는 이 방법은 모든 거래를 원인과 결과라는 두 가지 측면에서 이해하고 돈의 흐름을 정확하게 파악하기 위해 사용되는 장부 작성법입니다. 이때 굳어진 복식부기는 500년이 지난 지금도 기업의 재무 분야에서 중요하게 활용되고 있는데, 이를 체계적으로 정리하여 널리 알린 사람이 이탈리아의 수학자 루카 파치올리Luca Pacioli입니다.

상인을 위한 수학 교과서가 등장하다

파치올리는 1445년에 이탈리아 중부의 토스카나에서 가난한 구두공의 아들로 태어났습니다. 어린 시절에는 같은 토스카나 출신으로 수학에 조예가 깊었던 화가 피에로 델라 프란체스카Piero della Francesca에게 가르침을 받았고, 성인이 된 이후에는 로마로 옮겨 건축가 레온 알베르티Leon Battista Alberti 아래서 수학을 배웠습니다. 교황청 공문서 보관소장이기도 했던 알베르티의 영향으로 파치올리는 프란체스코 수도회에서 서품을 받았는데, 당시에는 사제가 되면 현대의 교수처럼 전문성을 인정받아 대학에서 강의를 할 수 있었습니다.

한편 파치올리가 태어나기 약 100년 전인 14세기 초 이탈리아에서는 '산법 교사'라는 직업 수학자가 등장했는데, 피보나치가 이슬람인 수학 교사 아래서 공부한 것처럼 상인의 자녀들에게 수학을 가르치는 일을 생업으로 삼는 직업이었습니다. 산법 교사들은 수업에 필요한 교과서를 직접 만들었으며, 파치올리도 산법 교사로서 베네치아 거상의 자녀들을 가르치면서 첫 번째 책을 썼습니다. 그가 활약하던 15세기 후반에는 이미 여러 교과서가 존재했지만 기존의 교과서로는 상거래에서 이루어지는 복잡한 계산에 대응하기 힘들 것이라고 예측했기 때문입니다.

파치올리는 첫 책을 쓴 이후에도 프란체스카, 피보나치, 에우클레이데스와 같은 수학자들의 저서를 연구하면서 자신만의 교과서를 집필해나갔고, 1494년에 600쪽에 달하는 대작 『산술집

수학이 쉬워지는 최소한의 세계사

성』을 발표합니다. 『산술집성』
의 가장 큰 특징은 베네치아 상
인들이 이용하던 복식부기를 체
계적으로 설명한다는 점입니다.
파치올리는 『산술집성』에서 복
식부기를 36개의 세부 항목으로
나누어 자세히 소개했습니다.
복식부기의 근간인 분개 방법은
물론, 환어음, 급여 및 출장비의
기장 방법, 이익과 손실 계산 방
법, 장부의 내역을 다음 연도로

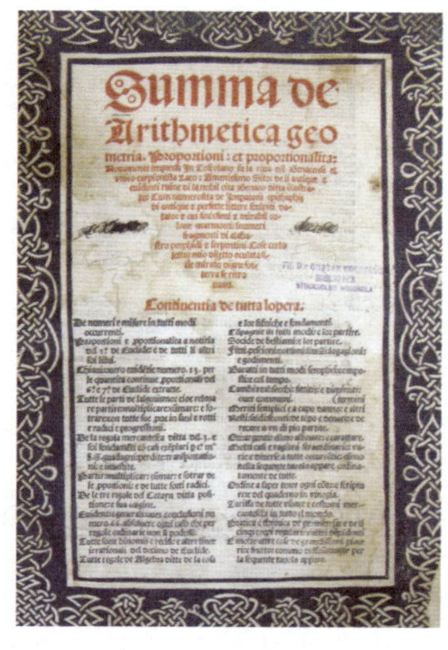

▲산술집성 1523년 판『산술집성』표지.

이월하는 방법 등 세세한 부분까지 다루었습니다.

　한 가지 더 주목할 점은 당대 유럽에서 대부분의 책과 문서가
라틴어로 작성되었는데도 『산술집성』이 라틴어가 아니라 이탈리
아어로 쓰였다는 점입니다. 베네치아 세관과의 거래처럼 이탈리
아에만 한정되는 내용도 담겨 있었다는 점을 고려하면 파치올리
는 자국의 상인, 수학자, 학생들을 위해 『산술집성』을 집필한 것
으로 보입니다. 그러나 이 놀라운 책은 이탈리아에만 머물지 않았
습니다. 때마침 활판 인쇄 기술이 발명된 덕분에 유럽 전역에서
이 책을 주목하게 된 것입니다. 이 책의 영향력이 얼마나 컸던지,
20세기 미국의 회계학자인 애너나이어스 찰스 리틀턴Ananias Charles
Littleton은 『산술집성』에 대해 다음과 같은 평을 남겼습니다.

이후 150년에 걸쳐 영국, 프랑스, 독일, 이탈리아, 벨기에, 네덜란드, 룩셈부르크에서 등장한 부기서는 제아무리 뛰어나더라도 파치올리 부기서의 개정판에 지나지 않고, 최악의 경우에는 파치올리의 허락도 없이 그의 책을 그대로 옮겨 쓴 것에 불과하다.

이처럼 『산술집성』이 근대 회계학의 탄생에 미친 영향이 매우 커서 파치올리를 '회계학의 아버지'라고 부르기도 합니다.

가계부와 복식부기는 어떻게 다를까

우리가 흔히 작성하는 가계부는 단식부기로, 돈의 증가와 감소를 한 번만 기록합니다. 만약 친구와 카페에 가서 커피를 마셨다면 항목에는 '카페(혹은 커피)', 지출 금액에는 커피 값을 씁니다. 그와 달리 복식부기는 돈이 증가하거나 감소한 원인이 무엇인지, 그에 따라서 현금 혹은 예금 계좌 등 어디에 있는 돈이 얼마나 증가하고 감소했는지를 대변貸邊과 차변借邊으로 나누어 기록합니다. 장부의 왼쪽인 차변에는 무엇을 얻었는지를 기록하고, 장부의 오른쪽인 대변에는 그것을 얻기 위해 무엇을 지출했는지 적습니다. 친구와 카페에 간 경우를 예로 들면 차변에는 얻은 것에 해당하는 '커피'를, 대변에는 커피를 사기 위해 지출한 금액과 그 출처를 적는 것입니다. 대변과 차변의 금액은 항상 같아야 하므로 장부를 적는 도중에 발생하는 실수를 줄일 수 있다는 장점도 있습니다.

수학이 쉬워지는 최소한의 세계사

표 2-1 단식부기

날짜	항목	금액
3월 31일	커피	5,000원

표 2-2 복식부기

날짜	차변	대변
3월 31일	커피 5,000원	현금 5,000원

단식부기로 작성한 가계부는 카페에서 사용한 5,000원을 현금이나 전자화폐 혹은 신용카드 중 어떤 수단으로 결제했는지 알 수 없지만, 복식부기를 이용하면 현금으로 지출했다는 사실을 알 수 있습니다. 또한 카페에서 사용한 돈이 커피를 마시기 위해 사용되었다는 점도 파악할 수 있습니다. 이러한 이유로 순 자산을 상세히 추적하여 관리하고자 하는 사람들은 복식부기 방법을 이용해 가계부를 작성하기도 합니다. 현금이나 예금 계좌, 대출 등 자산 규모를 한눈에 파악할 수 있기 때문입니다.

이렇듯 복식부기에서는 거래를 원인과 결과라는 두 가지 측면에서 기록함으로써 경제 활동을 다양한 각도에서 분석할 수 있게 해줍니다. 개인의 가계 관리는 규모가 크지 않기 때문에 단식부기로도 충분할 때가 많지만, 투명성과 정확성을 요하는 기업 경영에서는 복식부기를 이용해 재무를 관리합니다.

원금이 두 배가 되는 기간을 3초 만에 계산하는 법

『산술집성』은 복식부기 외에도 산술, 대수학, 기하학에 대한 내용을 고루 다루고 있습니다. 그중 산술 부분에 실려 있는 '72의 법칙'은 복잡한 복리 계산을 쉽게 만들어주어서 현대에도 수학 문제로 종종 등장합니다. 72의 법칙은 복리 조건에서 원금을 두 배로 만드는 기간과 금리를 빠르게 산출하게 해주는 방법입니다. 예를 들어, 10만 원을 연이율 6퍼센트로 운용할 때 원금과 이자의 합이 원금의 두 배인 20만 원이 되려면 얼마나 걸릴까요? 이를 1년마다 계산하려면 다음과 같이 매우 복잡한 숫자가 나오는 단순 계산을 여러 번 반복해야 합니다.

1년 후	106,000원 (100,000×1.06)
2년 후	112,360원 (106,000×1.06)
3년 후	약 119,100원 (112,360×1.06)
⋮	
11년 후	약 189,830원
12년 후	약 201,220원

계산에 따르면 12년 후에 처음으로 원리금이 원금의 두 배가 되는 것을 알 수 있습니다. 하지만 72의 법칙을 이용하면 같은 답을 훨씬 빠르고 간단하게 계산할 수 있습니다. 파치올리는 『산술집성』에서 72의 법칙에 대해 다음과 같이 설명합니다.

연이율이 주어진 경우에 원리금이 원금의 두 배가 되기까지 몇 년이 걸리는지 알고 싶다면 72라는 숫자를 기억하라. 72를 이자율로 나누었을 때의 결과가 원금이 두 배가 되기까지 걸리는 연수다. 예를 들어, 연이율이 6퍼센트라면 72를 6으로 나누는 것이다. 계산 결과는 12이므로 12년이 지나면 원금이 두 배가 된다.

즉, '72÷이자율(%)'이라는 간단한 식으로 원금이 두 배가 될 때까지 걸리는 연수를 구하는 것입니다. 『산술집성』에는 이처럼 실용적인 상업 계산도 담겨 있어서 유럽의 상인과 학생들이 널리 공부하는 교과서가 되었습니다.

레오나르도 다빈치의 수학 스승

파치올리는 『산술집성』을 출간한 후에도 계속해서 다양한 분야의 수학책을 집필하면서 수학을 가르치는 일을 계속했습니다. 그에게 수학을 배운 제자 중에는 화가인 레오나르도 다빈치Leonardo da Vinci도 있었습니다. 두 사람은 밀라노의 공작 루도비코 스포르차Ludovico Sforza의 궁정에서 처음 만났는데, 다빈치는 수학과 과학에 관심이 많았지만 파치올리를 만나기 전까지 제대로 된 수학 교육을 받지 못한 상태였습니다. 현대의 교수와 같은 신분이었던 파치올리는 다빈치에게 수학적 지식을 체계적으로 가르쳐주었고, 이러한 인연이 이어지면서 다빈치는 파치올리의 저서 『신성 비

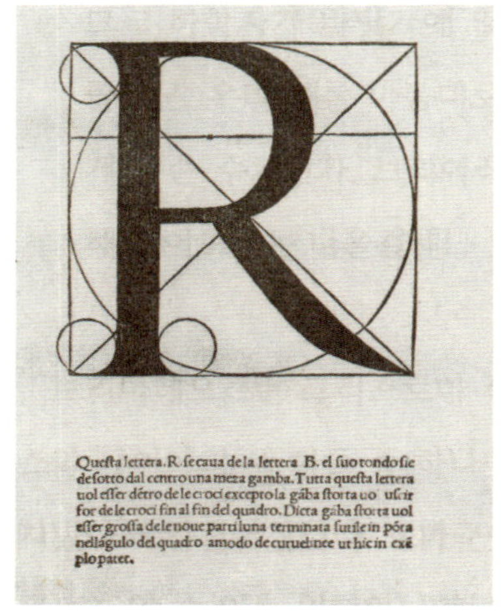
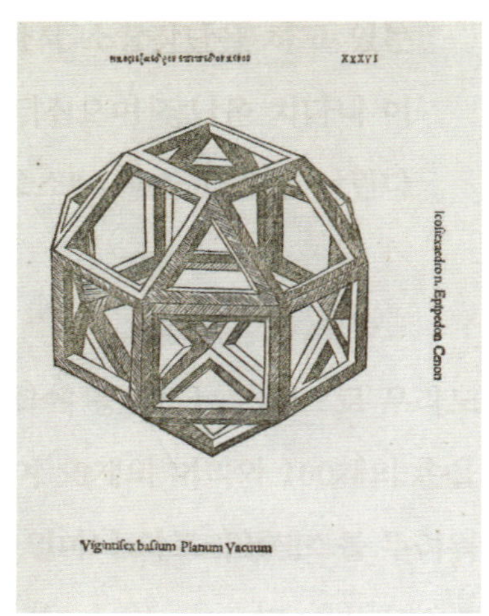

▲**레오나르도 다빈치가 그린 『신성 비례』 속 삽화** 파치올리의 또다른 저서인 『신성 비례』
는 입체 도형과 건축물, 문자 등 시각 예술 분야에서 비례를 사용하는 법을 담고 있었다.

례』의 삽화를 그리기도 합니다. 실제로 파치올리는 서문에서 "뛰어난 왼손잡이이자 모든 수학에 정통한 다빈치가 삽화를 그려주었다"라고 밝히고 있습니다. 책의 제목인 '신성 비례'는 '황금비'를 뜻하는 것으로, 이를 기하학과 시각 예술, 건축에 적용하는 방법을 담고 있었습니다. 파치올리는 또한 이 책에서 복잡한 구조의 기하학적 다면체에 관해서 설명하는데, 다빈치는 파치올리의 설명을 시각적으로 구현하기 위해 다면체의 뼈대만 남겨서 도형의 앞면과 뒷면을 동시에 볼 수 있는 투시 기법을 사용했습니다. 이 투시 기법은 당시로서는 혁신적인 기법으로 여겨졌으며, 다빈치는 이후 자신의 그림에 원근법, 황금비 등 수학적 지식이 바탕이 되어야만 구현할 수 있는 기법을 선구적으로 사용했습니다. 다빈

수학이 쉬워지는 최소한의 세계사

치의 대표작이자 완벽한 원근법을 구사하여 걸작이라고 평가받는 〈최후의 만찬〉을 그릴 때에는 파치올리와 함께 구도에 관해 많은 토론을 나누었다고 합니다. 이처럼 위대한 화가의 스승이기도 했던 파치올리는 과학의 암흑기가 막을 내린 르네상스 시대에 유럽에서 수학의 가능성을 발견한 인물이었습니다.

📌 역사를 바꾼 결정적 수학

- 복식부기를 사용하면 자본의 흐름과 자산을 한눈에 파악할 수 있으며 장부상의 실수도 방지할 수 있다.

- 72의 법칙을 이용하면 72÷이자율(%)이라는 간단한 계산으로 복리를 통해 원리금이 원금의 두 배가 되는 햇수를 빠르게 구할 수 있다.

악마와 계약한
문자의 마술사

비에트의 암호 해독

수학은 단순히 미지수를 찾는 과정이 아니라,
보편적인 수치들 사이의 관계를 탐구하는 '해석적 기술'이 되어야 한다.
— 프랑수아 비에트, 『해석학 입문』中

암호 기술의 역사는 깁니다. 거슬러 올라가면 기원전 1500년경 메소포타미아의 점토판에서도 암호문을 찾을 수 있는데, 이 점토판에는 도자기를 빚는 도공이 유약을 만드는 법이 적혀 있었다고 합니다. 요즘 식으로 말하면 일종의 영업 비밀로, 좋은 유약을 만드는 방법을 알면 그만큼 값어치 있는 도자기를 만들 수 있었을 테니 귀중한 지식을 몰래 보관하기에는 적절한 방법이었을 것입니다. 이처럼 암호는 자신이 알고 있는 지식을 소수의 사람과 공유하고 싶을 때, 혹은 기록을 자신만 알아볼 수 있도록 보관하고 싶을 때 사용합니다.

다른 사람은 쉽게 읽을 수 없다는 특성 때문에 암호는 전쟁에

수학이 쉬워지는 최소한의 세계사

▲**프랑수아 비에트** 문자를 이용하여 수식을 일반화하는 방법을 정리한 비에트는 근대 대수학의 장을 열었다고 평가받는다.

서 꼭 필요한 기술이기도 합니다. 언제든 정보가 적에게 넘어갈 수 있으므로 같은 편끼리 정보를 안전하게 교환하려면 내용을 암호화하는 것이 가장 효과적이기 때문입니다. 반대로 적의 암호를 해독할 수 있다면 적의 동향을 바로 파악할 수 있으므로 단숨에 전황을 아군에게 유리하게 만들 수 있습니다. 그래서 암호의 역사는 풀기 힘든 암호를 만드는 기술과 그 암호를 풀어내는 해독 기술 사이의 끊임없는 공방전의 연속이었습니다.

이러한 암호학은 놀랍게도 수학의 하위 학문 중 하나로, 암호를 만들거나 해독하기 위해서는 수학적 지식이 밑바탕이 되어야 합니다. 제2차 세계대전에서 독일군의 에니그마 암호를 풀어내 전황을 유리하게 이끈 앨런 튜링Alan Turing 역시도 수학자였습니다. 이 이야기는 너무나 극적이어서 영화로도 만들어졌을 정도입니다. 그런데 적국의 암호를 풀어내 전쟁을 아군에게 유리하게 이끈 인물은 앨런 튜링만이 아닙니다. 16세기 말에도 놀라운 암호 해독 기술을 지녀서 적으로부터 '악마'라고 불린 수학자가 있었습니다. 바로 근대 대수학의 장을 연 인물이라고 알려진 프랑스의 수학자 프랑수아 비에트François Viète입니다.

수학의 문법이 만들어지다

프랑수아 비에트는 1540년에 변호사였던 아버지 아래서 태어났습니다. 부르주아 가문의 자제로 태어난 덕분에 대학에서 법을 공부하여 파리 최고법원과 왕실에서 법무를 담당하는 변호사가 되었지만 개인적으로 관심이 많았던 수학 연구도 게을리하지 않았습니다.

실제로 비에트는 암호 해독보다는 그가 수학의 발전에 미친 결정적 영향력으로 더 유명합니다. 바로 수학식에 문자를 도입한 것입니다. 이전에도 미지수, 즉 방정식에서 구하고자 하는 수라는 개념은 존재했지만 이를 알파벳으로 표기한 사람은 비에트가 최초입니다. 또한 그는 미지수뿐만 아니라 이미 알려진 수(기지수)도 문자로 표현하는 법을 고안했습니다. 기지수는 알파벳의 자음으로, 미지수는 모음으로 구별하여 BA^2+CA+D와 같이 표기한 것입니다. 현재는 이러한 다항식을 $ax^2+bx+c=0$와 같이 표기하는데, 지금처럼 미지수에 x, y, z를 사용하게 된 것은 비에트보다 약 50년 뒤에 태어난 프랑스의 철학자이자 수학자인 르네 데카르트 René Descartes의 영향입니다. 비에트 이전에는 수식을 간단하게 표현하지 못하고 말로 설명하는 방식을 사용했습니다. "어떤 수에 그 수의 제곱을 더하고 3을 더한다"처럼 말로 일일이 풀어서 이야기해야 했지요. 그러나 비에트가 수식 전체를 문자로 일반화하여 나타내는 방식을 고안한 덕분에 방정식뿐만 아니라 복잡한 다항식과 함수까지도 연구할 수 있는 발판이 만들어졌습니다. 오늘날

수학이 쉬워지는 최소한의 세계사

수학에서 널리 통용되는 수학의 문법을 만든 인물인 셈입니다.

최고법원과 왕실에서 일하던 변호사인 비에트가 어떻게 대수학 분야에 이처럼 대단한 업적을 남길 수 있었을까요? 여기에는 한 가지 비극적인 사건이 크게 작용했습니다. 종교 때문에 왕실에서 추방당한 것입니다.

종교 때문에 추방당한 수학자

16세기 프랑스에서는 구교인 가톨릭과 신교인 개신교 사이에 종교 전쟁이 한창이었습니다. 당시 프랑스에서는 개신교도를 위그노라고 불렀기 때문에 이때 일어난 내전을 위그노 전쟁(1562~1598)이라고 부르기도 합니다. 초기에 프랑스 왕실은 가톨릭과 개신교 사이에서 중립을 유지하려 했지만, 개신교도들이 기존의 가톨릭 교회 질서에 반기를 들고 행동에 나서자 개신교 탄압에 나섰습니다. 왕실은 전통적으로 가톨릭 교리를 따르고 있었기 때문에 이단이라는 낙인이 찍힌 개신교도들을 방치할 수 없었던 것입니다. 이 과정에서 비에트도 개신교도, 즉 위그노라는 이유로 왕실에서 추방되고 맙니다. 본업이었던 왕실 변호사로서 쌓아온 경력을 생각하면 암울한 시기였지만, 그는 왕실에서 추방당한 이후 4년간 수학 연구에 매진했습니다. 이때 대수학을 체계적으로 정리한 책을 집필한 덕분에 현재 비에트의 이름은 변호사보다는 수학자로 더욱 널리 알려져 있습니다.

비에트가 왕실에서 벗어나 수학자로서 새로운 경력을 쌓아갈

무렵 프랑스의 정치 상황은 매우 혼란스러웠습니다. 가톨릭과 위그노 사이의 갈등이 평화적으로 해결되기를 바랐던 프랑스 국왕 앙리 3세가 암살당하고 위그노의 수장이었던 앙리 4세가 왕위에 오른 것입니다. 문제는 당시 스페인의 최전성기를 이끌던 절대군주인 펠리페 2세가 독실한 가톨릭 신자이자 가톨릭의 맹주를 자처하고 있었다는 점입니다. 펠리페 2세는 프랑스의 가톨릭 세력을 지지하며 프랑스 안에서만 벌어지던 내전에 개입을 시도하고, 이는 결국 프랑스 왕실과 스페인 왕실 간의 종교 전쟁으로까지 번지고 맙니다. 이에 위그노인 앙리 4세는 추방당했던 비에트를 다시 왕실로 불러 스페인의 암호를 해독하는 임무를 맡기기에 이릅니다. 가톨릭에 의해 추방당했던 시간 동안 연구한 수학이 가톨릭

수학이 쉬워지는 최소한의 세계사

을 지지하는 스페인의 암호를 해독하는 데 도움을 주게 된 아이러니한 상황이 벌어진 것입니다.

로마의 황제가 사용한 암호

암호의 역사를 설명할 때 자주 등장하는 예시는 기원전 1세기 로마의 황제였던 율리우스 카이사르가 사용했던 카이사르 암호입니다. 원문의 문자를 일정한 거리만큼 밀어서 다른 문자로 치환하는 방식으로, 원문의 글자가 A라면 암호문에서는 A의 세 번째 뒤에 나오는 문자인 D로 바꾸는 것입니다. 기록에 따르면 카이사르는 군사적으로 중요한 메시지를 보낼 때 실제로 문자를 세 칸씩 밀어서 암호문을 작성했다고 합니다. 이 암호는 지금 사용하는 정교한 암호 방식과는 비교할 수 없을 정도로 단순하지만, 암호를 해독하는 과정을 알아보기에는 충분합니다. 다음과 같은 암호문을 예로 들어보겠습니다.

z rd wlbljlbv.

z rd r drky kvrtyvi.

z rd 32 pvrij fcu.

아무런 정보 없이 암호문을 보면 처음에는 막막하게 느껴집니다. 하지만 만약 이 글의 원문이 영어로 작성된 자기소개라는 사실을 알고 있다면 어떨까요? 그러면 가장 먼저 세 번째 줄의 '32'

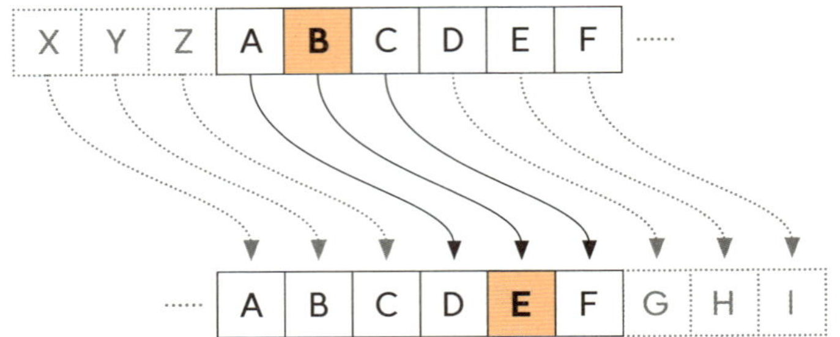

▲**카이사르 암호** 기원전 100년경 로마의 장군이었던 카이사르가 동맹군과 소통하기 위해 만든 암호로 알려져 있으며, 글자를 일정한 칸만큼 밀어서 치환하는 방식이기에 순환암호라고 부르기도 한다.

라는 숫자가 눈에 띕니다. 자기소개라는 점을 고려하면 숫자는 나이를 나타낼 가능성이 높으므로 'pvrij fcu'는 'years old'라고 예측할 수 있습니다.

그다음으로는 문장에서 자주 등장하는 문자에 주목해보겠습니다. 자세히 보면 세 문장 모두 한 글자 단어인 'z'와 두 글자 단어인 'rd'가 포함되어 있습니다. 영어에서 흔히 사용되는 한 글자 단어는 'I'와 'a', 두 글자 단어는 'am'과 'is' 정도인데, 이 글은 자기소개이므로 'z rd'는 'I am'일 가능성이 매우 높습니다. 이와 같은 추론을 바탕으로 해답일 가능성이 높은 단어를 우선적으로 정리하면 표 2-3과 같습니다.

하지만 세 개의 단어만으로는 전문을 파악하기 어렵습니다. 그러므로 규칙성을 찾기 위해 여기서 한 걸음 더 나아가 각 문자를 알파벳의 순서를 나타내는 수로 바꾸어보면 표 2-4가 됩니다.

수학이 쉬워지는 최소한의 세계사

암호	p	v	r	i	j		f	c	u		z	r	d
원문 (예상)	y	e	a	r	s		o	l	d		i	a	m

암호	16	22	18	9	10		6	3	21		26	18	4
원문 (예상)	25	5	1	18	19		15	12	4		9	1	13

이렇게 정리하면 암호문과 원문 사이의 관련성을 찾을 수 있습니다. 암호문에 9를 더하면 원문이 나온다는 것입니다. 알파벳의 전체 문자는 26개이므로, 26을 넘을 때는 시계를 읽을 때처럼 대응시키면 됩니다. 예를 들어, 표에서 두 번째 문자인 v는 전체 알파벳 순서에서 22번째에 있는 글자이므로 22+9=31이 됩니다. 이때 31은 26을 5만큼 초과하므로 다섯 번째 글자인 *e*가 되는 것입니다. 세 번째 문자인 r은 18번째 글자이며 18+9=27이므로 26을 1만큼 초과하여 첫 번째 글자인 a가 됩니다. 이 법칙을 발견하면 자연히 나머지 문자도 해독되므로, 전문을 다음과 같이 복원할 수 있습니다.

암호문	해독문
z rd wlbljlbv.	I am Fukusuke.
z rd r drky kvrtyvi.	I am a math teacher.
z rd 32 pvrij fcu.	I am 32 years old.

비에트는 어떻게 암호를 풀었을까

앞에서 예로 든 카이사르 암호는 해독하기 쉬운 축에 속합니다. 원문의 문자를 바꾸는 규칙이 일정하기 때문입니다. 하지만 16세기 말 스페인이 사용한 암호는 문자를 바꾸는 방식이 매우 복잡했습니다. 원문에서는 같은 문자라도 암호문에서는 다른 문자가 할당되는 방식이어서 암호문에 쓰인 기호만 500개가 넘었기 때문입니다. 실제로 프랑스는 스페인의 암호문을 가로채는 데에는 성공하지만 그 누구도 암호문을 풀어내지 못했습니다. 적임자를 찾지 못한 앙리 4세는 추방당했던 비에트를 불러 암호 해독을 맡겼습니다. 놀랍게도 비에트는 처음 받은 암호문을 어렵지 않게 풀어냈을 뿐만 아니라 이후로도 2년간 계속해서 스페인의 암호문을 해독해냈습니다.

비에트는 어떻게 스페인의 암호를 풀어낼 수 있었을까요? 기본적인 방식은 카이사르 암호를 해독하는 과정과 비슷합니다. 스페인은 누구도 암호를 풀지 못할 것이라고 자신하고 '32'와 같은 숫자는 바꾸지 않고 그대로 암호문에 사용했는데, 그러한 자만심이 비에트에게 암호 해독의 힌트를 주었습니다. 전쟁 중이라는 상황

수학이 쉬워지는 최소한의 세계사

을 고려하여 '4000'이라는 숫자 뒤에는 '보병'이, '500' 뒤에는 '기병'이, '100000' 뒤에는 '두카도'라는 화폐 단위가 올 가능성이 높다고 본 것입니다. 또한 스페인어에서는 세 가지 자음이 연속으로 쓰이는 경우가 거의 없었으므로 서로 다른 세 문자가 연속되어 있을 때 그중 하나는 반드시 모음일 것이라는 가정하에 퍼즐 맞추듯 문자를 찾아나갔습니다. 같은 문자열이 반복되는 패턴이나 문자의 출현 빈도를 통계적으로 분석하는 것도 한 가지 방식이었습니다.

과거 방정식 연구에서 발휘했던 날카로운 분석력을 바탕으로 답일 가능성이 높은 문자열을 대조하는 과정을 통해 비에트는 스페인의 암호문을 해독하는 절차를 확립했고, 덕분에 프랑스는 스페인의 내부 사정을 훤히 파악할 수 있었습니다. 비에트는 1590년에 스페인의 장교가 펠리페 2세에게 보낸 보고서를 해독해내는데, 이 문서는 펠리페 2세가 프랑스 가톨릭 연합 세력을 지원해 프랑스 내전에 개입하려는 계획을 담고 있었습니다. 비에트가 이 문서를 해독한 덕분에 프랑스 왕실은 스페인을 상대로 유리한 위치를 점할 수 있었습니다.

하지만 이토록 천재적인 인물에게도 인간적인 면이 있었습니다. 자신이 암호를 해독했다는 사실을 경솔하게도 베네치아 대사에게 자랑한 것입니다. 보통은 암호를 해독하더라도 그 사실을 다른 사람에게 알려서는 안 됩니다. 암호를 사용하는 상대방이 그 사실을 알면 곧바로 암호화 방법을 바꿀 것이고, 그러면 다시 처음부터 암호의 규칙을 연구해야 하기 때문입니다. 하지만 비에트는 설령 상대가 암호화 방식을 바꾸더라도 통계를 이용해 분석하면 얼마든지 암호를 풀어낼 수 있다고 주장했습니다. 비에트의 자랑이 돌고 돌아서 결국 스페인까지 전해지자, 스페인의 왕 펠리페 2세는 크게 놀라 로마의 교황에게 다음과 같이 호소한 것으로 전해집니다.

프랑스인은 악마와 계약하여 마술을 부리는 이단자다.

수학이 지닌 추론의 힘을 알지 못했던 사람들에게는 복잡한 암호문을 척척 풀어낸 비에트가 금지된 지식을 낱낱이 알고 있는 악마처럼 보였던 것입니다. 실제로 비에트는 왕실에서 추방되었던 시기에 집필한 수학책인 『해석학 입문』의 가장 마지막에 이렇게 썼습니다.

이제는 풀지 못할 문제가 없다.

자신이 책에 소개한 추론 과정을 이용하면 세상에 해결하지 못할 문제가 없을 것이라고 당당히 선언한 것입니다. 대수학에 대한 자신감을 나타내는 문장이자, 놀라운 암호 해독 능력을 자랑했던 비에트다운 문장이라고 할 수 있습니다. 비에트가 스페인의 암호를 해독한 사실이 밝혀지면서 스페인을 비롯한 유럽 전역에 그의

수학이 쉬워지는 최소한의 세계사

이름이 공포의 상징으로 널리 알려졌다고 하니, 이 문장을 읽은 다른 나라의 왕과 암호 기술자들은 악마의 미소를 본 것 같은 공포를 느꼈을 것입니다.

 **역사를 바꾼 결정적 수학**

- 비에트는 최초로 수식 전체를 문자로 일반화하여 표기하는 방법을 고안함으로써 대수학 발전에 크게 기여했다.

- 암호학은 수학의 하위 학문으로, 수학자였던 비에트는 추론과 통계를 이용하여 악명높은 스페인의 암호를 풀어냈다.

수학으로
인간의 죽음을 예측하다

드무아브르의 정규분포

우연이란 원인에 대한 우리의 무지를 표현하는 단어일 뿐이다.
우연이라는 것은 존재하지 않으며,
모든 것은 정해진 자연의 법칙에 의해 지배된다.

― 아브라함 드무아브르, 『우연의 분석』 中

2019년부터 유행한 코로나19 바이러스로 인해 일본에서는 '코로나 보험'이라는 보험 상품이 출시되었습니다. 보험료 5,000원을 내고 3개월 안에 코로나19 바이러스에 감염되면 50만 원 정도의 보험금이 지급되는 상품이었습니다. 그런데 이러한 상품을 판매한 보험 회사 대부분이 적자를 보았다고 합니다. 감염되는 사람의 수가 예상을 뛰어넘을 만큼 많았던 데 비해 보험료가 지나치게 저렴했기 때문입니다. 전염병 유행이 거세지자 결국 보험 회사들은 수지 균형을 맞추기 위해 보험료를 인상하고 보험 적용 범위를 줄일 수밖에 없었습니다.

이처럼 보험은 미래에 일어날지 모를 위험이나 사고로 인한 부

수학이 쉬워지는 최소한의 세계사

담을 대비하기 위한 것입니다. 인류 역사상 가장 오래된 보험 제도는 기원전 1750년경 바빌로니아의 함무라비 법전까지 거슬러 올라갑니다. 고대 바빌로니아에서는 항해 도중 폭풍이나 해적을 만나는 등 불가항력에 의한 사고로 손해가 발생했을 때 선장이 배의 주인에게 지불해야 하는 배상금을 한정하는 조항이 있었습니다. 고대 그리스에서도 배에 화물을 싣다가 손해가 발생했을 때 배 주인과 화물 주인이 손해를 분담하는 등 손해보험에 해당하는 것들이 존재했습니다.

그렇다면 코로나 보험처럼 신체의 상해나 생명의 위험에 대비하기 위한 보험은 언제부터 시작되었을까요? 가장 오래된 생명보험은 고대 로마의 노동조합 콜레기아Collegia에서 찾아볼 수 있습니다. 고대 로마에서는 장례식을 중요하게 여겼기 때문에 유족들에게는 막대한 장례 비용이 큰 걱정거리였습니다. 따라서 조합에 가입한 사람이 사망하면 장례 비용과 유족의 생활 보장 비용을 공동으로 부담하는 제도가 있었습니다.

역사적인 사례에서 알 수 있듯이 가입자들이 일정한 금액을 내고 상호 부조의 정신에 따라 만약의 사고에 대비하는 것이 보험 제도의 근간입니다. 그런데 코로나 보험의 사례에서 보듯 납부하는 보험료와 실제로 위험이 발생할 비율을 잘못 계산하면 보험 제도를 운영하는 회사는 큰 손실을 입게 됩니다. 따라서 보험 시스템을 제대로 운영하려면 이 둘 사이에서 적절한 균형을 찾는 일이 매우 중요합니다. 하지만 이렇게 오랜 역사에도 불구하고 위험이

▲아브라함 드무아브르 드무아부르는 이 전까지 도박과 마찬가지로 운에 맡기던 보험의 영역에 수학을 도입했다.

어느 정도의 확률로 일어날지, 그에 합당한 보험료는 얼마일지와 같은 수학적 연구는 17세기가 되어서야 비로소 시작되었습니다. 최초로 이에 대한 해답을 제시한 인물은 아브라함 드무아브르Abraham de Moivre라는 수학자입니다. 드무아브르는 수학의 다양한 분야에 영향력을 남긴 뛰어난 수학자로, 복소수 분야에는 그의 이름을 딴 공식도 있습니다. 그는 확률론 분야에도 혁혁한 공을 세웠는데, 특히 인간의 사망률을 연구하여 보험업계에 수학적인 방법론을 도입하는 놀라운 업적을 남겼습니다. 이제부터 보험과 수학이 어우러지는 최초의 순간을 살펴보겠습니다.

보험 컨설팅에 뛰어든 수학자

1667년에 프랑스의 개신교 가정에서 태어난 드무아브르는 어렸을 때부터 위그노 아카데미에서 그리스어와 논리학 교육을 받았습니다. 그는 공식적으로 수학을 배우기 전부터 스스로 수학과 관련된 책을 찾아 읽었는데, 이때 네덜란드의 수학자이자 물리학자였던 크리스티안 하위헌스Christiaan Huygens가 집필한 「도박에서

수학이 쉬워지는 최소한의 세계사

의 계산에 대하여」라는 논문을 읽고 확률론을 처음 접했습니다. 이후 그는 17세가 되어 파리로 상경하면서 본격적으로 수학을 공부하기 시작했지만 프랑스에 머무는 한 신교도인 드무아브르의 미래는 한없이 어두웠습니다. 당시 프랑스의 정세가 신교도들에게 매우 가혹했기 때문입니다.

16세기에 비에트의 활약으로 왕위를 지키는 데 성공한 앙리 4세는 낭트 칙령을 공포하여 종교의 자유를 인정했지만, 개신교에 대한 부정적인 시선은 좀처럼 사그라들지 않았습니다. 드무아브르가 어린 시절에 소도시를 전전하며 공부를 했던 이유도 그가 다니던 위그노 아카데미가 탄압을 이기지 못하고 폐교되었던 탓이었습니다. 드무아브르가 파리로 상경한 이듬해인 1685년에 이르면 루이 14세가 퐁텐블로 칙령을 내려 위그노에 대한 탄압을 다시 강화하기에 이릅니다. 위그노였던 드무아브르는 프랑스를 떠나 외국으로 망명할 수밖에 없었습니다.

드무아브르는 영국의 런던으로 거처를 옮겼습니다. 당시 영국은 개신교를 받아들인 나라였으므로 프랑스에서처럼 신앙을 이유로 탄압받지 않는 환경이었기 때문입니다. 그는 런던에서 미적분의 창시자 중 한 명인 아이작 뉴턴Isaac Newton의 『자연철학의 수학적 원리Philosophiae Naturalis Principia Mathematica』, 흔히 『프린키피아』라고 부르는 책을 접하고 깊이 탐독했으며 이를 계기로 뉴턴과 활발히 교류하면서 미분법 등 수학에 대한 의견을 주고받았습니다. 이때 그가 보인 수학적 능력에 감탄한 뉴턴은 말년에 『프린키피

◀ **커피하우스** 당시 커피하우스는 신사들이 사교 활동을 하거나 업무를 처리하는 곳이었다. 그림은 드무아브르가 활동했다고 알려진 슬로터스 커피하우스Slaughter's Coffeehouse의 전경.

아』에 관해 질문하는 사람에게 이렇게 말했다고 전해집니다.

"이 책에서 모르는 부분이 있으면 드무아브르에게 질문하게. 그가 나보다 이 책을 더 잘 이해하고 있으니."

그는 수학을 기르치는 가정교사 일로 생계를 유지하는 동시에 수학 연구에 매진했고, 뉴턴이 회장을 맡고 있던 영국 왕립학회에 미적분학 논문을 발표하여 왕립학회의 회원이 됩니다. 영국에서 가장 권위 있는 과학자들에게 능력을 인정받은 것입니다. 그러나 드무아브르는 뛰어난 실력과 노력에도 염원하던 대학의 교수직을 얻지는 못했습니다. 프랑스 출신, 즉 외국인이었기 때문입니다. 결국 드무아브르는 안정적인 직업을 찾지 못하고 런던의 커피하우스에 상주하다시피 하면서 도박꾼에게 확률을 가르쳐주거나 귀족과 상인들에게 연금 보험의 가치를 평가해주고 상담료를 받

수학이 쉬워지는 최소한의 세계사

는, 오늘날로 말하자면 일종의 프리랜서 수학 컨설턴트로 활동했습니다.

드무아브르의 이러한 행적을 이해하려면 당대 커피하우스라는 공간에 대한 지식이 필요합니다. 17~18세기 영국에서 커피하우스는 지금의 카페와 비슷하면서도 다른 성격을 지닌 장소로, 사람들은 커피하우스에 모여 정치적인 논의를 나누거나 업무를 처리했습니다. 가십은 물론이고 시사, 철학, 과학 등에 대한 토론을 주고받는 곳으로, 단순히 커피를 마시는 곳이 아니라 사교를 나누는 장소에 가까웠습니다. 특히 드무아부르가 머물렀던 커피하우스에는 그와 마찬가지로 프랑스에서 망명한 위그노들이 많이 모여 있었다고 합니다. 아이작 뉴턴이 자신을 찾아오는 학생들에게 드무아브르를 소개하며 안내한 곳도 이곳이었다고 전해집니다.

초기 보험 회사들이 파산을 거듭한 이유

그렇다면 드무아브르가 보험 제도에 수학 이론을 도입하기 전에는 어떻게 보험료를 책정했을까요? 드무아브르의 이론이 도입되기 이전의 보험 구조를 알아보기 위해서 아래와 같은 보험 상품이 있다고 가정해보겠습니다.

연간 사망률을 0.9퍼센트라고 가정하고, 가입자 1,000명에게서 매년 10만 원씩 보험료를 받는다. 가입자가 사망했을 때 보험금으로 1,000만 원을 지급한다.

연간 사망률이 0.9퍼센트라는 말은 가입자 1,000명 가운데 매년 9명이 사망한다는 뜻입니다. 그러므로 전체 가입자가 1,000명이라고 가정하고 이들이 납입하는 보험료의 총합과 그 해에 지급해야 할 보험금은 다음과 같이 계산할 수 있습니다.

한 해에 모이는 보험료

10만 원 × 1,000명 = 1억 원

한 해에 지급해야 할 보험금

1,000만 원 × 9명 = 9,000만 원

이 계산에 따르면 보험 회사는 매년 1,000만 원의 이익을 얻게 되므로 이론상으로는 충분히 지속가능한 것처럼 보입니다. 그러나 자세히 들여다보면 사실 이 상품에는 몇 가지 치명적인 문제가 숨어 있습니다. 대표적으로 두 가지만 살펴보겠습니다.

첫 번째 문제는 청년층과 고령층의 보험료가 같다는 점입니다. 보험은 만약의 경우에 대비하기 위한 제도이지만, 20세와 70세의 사망 확률은 확연히 다릅니다. 고령층은 아주 작은 사고로도 사망에 이르기 쉽지만 청년이라면 사망 확률이 상대적으로 낮습니다. 만약 잠재적 가입자가 모두 합리적인 판단을 내린다면 청년층보다는 고령층이 더 많이 가입할 것이고, 결과적으로 연간 사망률은 처음 예측한 0.9퍼센트를 상회하게 될 것입니다.

수학이 쉬워지는 최소한의 세계사

두 번째 문제는 사망률의 오차 문제입니다. 연간 사망률을 0.9퍼센트로 가정한다고 해서 매년 사망률이 정확하게 0.9퍼센트로 유지되리라는 보장은 없습니다. 사망률이 0.5퍼센트인 해가 있는가 하면, 감염병 유행 등의 이유로 2퍼센트나 되는 해도 있을 것입니다. 게다가 그 해의 평균 사망률과 별개로 가입자의 평균 연령이 높아질수록 가입자의 사망률은 점점 높아집니다. 사망률을 현실적으로 가정하여 보험료를 책정하지 않는다면 보험 회사는 금세 적자를 보게 될 것입니다. 실제로 드무아브르가 해결책을 제시하기 이전의 보험 제도는 위와 같은 문제를 해결하지 못해 단기간에 파산하고 맙니다. 드무아브르는 이러한 보험 제도에 수학적 논리를 도입하여 보험료 구조를 개선하는 데 성공합니다.

나이가 많을수록 보험료가 높아지는 공식

드무아브르가 남긴 저서를 보면 그가 생명보험 문제를 어떻게 해결했는지 엿볼 수 있습니다. 드무아브르는 1718년에 『확률론』이라는 서적을 집필했는데, 과거 그가 공부했던 하위헌스의 논문 「도박에서의 계산에 대하여」보다 훨씬 자세한 내용을 담은 책이었습니다. 그로부터 7년 뒤에는 확률론 지식에 보험 컨설턴트 경험을 더해서 『생명 연금』이라는 책을 발표하지요. 이 책을 보면 드무아브르가 정리한 생명보험 제도의 수학적 논리를 알 수 있습니다.

이 책에서 드무아브르는 청년층과 고령층 사이의 불공평을 없애기 위해 '드무아브르의 사망 법칙'을 만들었습니다. 같은 해에 태어난 사람이 ℓ명이라고 하면, x세일 때 살아 있는 사람의 수를 다음과 같은 공식으로 구하는 법칙이었습니다.

$$\frac{(86-x)}{86} \times \ell \,(\text{명})$$

여기서 86이라는 정수는 드무아브르가 임의로 설정한 값으로 최대 수명을 의미합니다. 나이에 해당하는 x값이 커질수록 분자가 작아지면서 생존률이 점차적으로 낮아지는 구조입니다. 드무아브르가 정리한 사망 법칙에 따르면 어떤 사람이 x세일 때 사망할 확률은 다음과 같습니다.

$$\frac{1}{(86-x)} \times 100 \,(\%)$$

이렇게 사망률을 구하는 식에서 나이를 의미하는 미지수 x에 연령을 10세 간격으로 대입하면 연령 구간별 사망률을 구할 수 있습니다.

$$10세 : \frac{1}{76} \fallingdotseq 1.3\% \qquad 20세 : \frac{1}{66} \fallingdotseq 1.5\%$$

$$30세 : \frac{1}{56} \fallingdotseq 1.8\% \qquad 40세 : \frac{1}{46} \fallingdotseq 2.2\%$$

$$50세 : \frac{1}{36} \fallingdotseq 2.8\% \qquad 60세 : \frac{1}{26} \fallingdotseq 3.8\%$$

$$70세 : \frac{1}{16} \fallingdotseq 6.3\% \qquad 80세 : \frac{1}{6} \fallingdotseq 16.7\%$$

수학이 쉬워지는 최소한의 세계사

즉, 드무아브르의 사망 법칙 공식을 이용하면 연령이 높아질수록 사망률도 급격하게 높아집니다. 드무아브르는 이렇게 구한 사망률에 따라서 연령별 보험료를 다르게 책정하여 청년층의 보험료 부담을 줄였습니다.

오차가 한없이 작아지는 법칙

그러나 연령에 따른 사망률 차이 외에도 기존의 보험 상품에는 중대한 문제가 한 가지 더 있었습니다. 이론상 사망률이 실제 사망률과 언제나 맞아떨어지지는 않는다는 점입니다. 즉, 이론과 현상 간의 오차 문제였습니다. 드무아브르는 이 문제를 해결하는 데 필요한 힌트를 스위스의 수학자 야코프 베르누이Jakob Bernoulli의 연구에서 찾아냈습니다. 야코프 베르누이가 생전에 집필하고 그의 사후에 조카가 대신 출판한 『추측의 기술』이라는 책에는 확률론의 기초를 확립한 연구가 실려 있었습니다. 지금도 확률과 통계 분야에서 사용되는 '큰 수의 법칙'이라는 개념인데, 간단히 말하면 데이터 수가 많아질수록 이론상 확률과 실제 확률의 오차가 줄어든다는 이론입니다. 이에 따르면 '가입자가 1,000명인 보험 상품'과 '가입자가 10,000명인 보험 상품'을 비교하면 가입자가 훨씬 많은 후자가 사망률의 이론값과 실제값의 오차가 더 작습니다. 다시 말해서 보험 제도가 더욱 안정적으로 유지될 수 있다는 의미입니다.

야코프 베르누이의 연구를 바탕으로 드무아브르는 이론값과

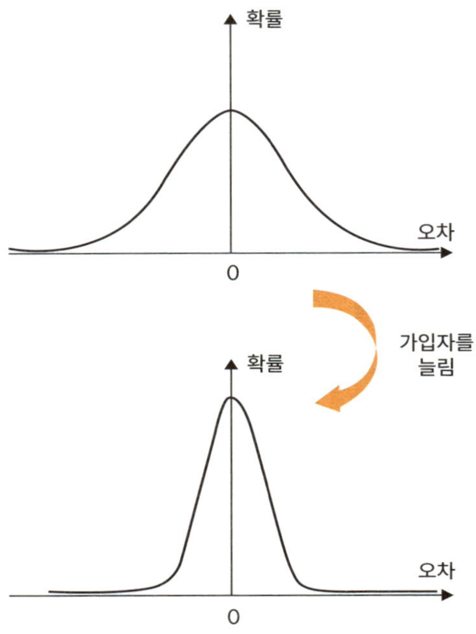

◀ **정규분포 그래프** 데이터의 수가 많아질수록 정규분포 그래프의 곡선은 중심으로 더욱 집중된 형태를 띤다.

실제값의 오차를 그래프로 정리했습니다. 전체 데이터의 평균값에서 개별 데이터들이 얼마나 떨어져 있는지를 한눈에 볼 수 있도록 그림으로 그린 것입니다. 통계와 확률을 공부할 때 필연적으로 마주치는 정규분포 그래프가 역사에 최초로 등장하는 순간입니다. 위에서 볼 수 있는 것처럼 정규분포 그래프에서 x축은 평균에서부터 떨어진 정도, 즉 오차를 나타내며 y축은 등장 빈도, 다시 말해서 사건이 일어날 확률을 나타냅니다. x축에서는 0을 기준으로 멀리 떨어져 있을수록 평균값과의 오차가 크고, y축을 기준으로 보면 높은 곳에 있을수록 더 자주 등장한다는 뜻입니다. 종bell의 형태를 그리는 정규분포 그래프는 이론값과의 오차가 0일 때

수학이 쉬워지는 최소한의 세계사

발생 확률이 가장 크고, 오차가 커질수록 실제 발생 확률이 줄어든다는 의미를 지니고 있습니다.

큰 수의 법칙에 따르면 데이터 수가 많아질수록 이론상 확률과 실제 확률의 오차가 줄어들기 때문에, 보험 가입자가 늘어날수록 정규분포 곡선은 중심으로 집중된 형태가 됩니다. 그래프를 그려서 비교해보면 0에서 양(+)의 방향으로 큰 오차가 생길 확률, 즉 이론상 사망률보다 실제 사망률이 더 높아질 가능성은 가입자가 많아질수록 더 작아진다는 것을 알 수 있습니다.

드무아브르는 이렇게 구한 정규분포를 바탕으로 실제 사망률이 이론상 사망률보다 더 크게 나올 가능성이 거의 없다고 가정하여 보험료를 책정하라고 조언했습니다. 덕분에 앞서 예로 들었던 코로나19 바이러스 유행처럼 예상치 못한 사태가 벌어지지 않는 한 보험 회사가 이익을 볼 수 있는 안정적인 구조를 갖출 수 있었습니다.

세계 최초의 생명보험 회사가 설립되다

하지만 드무아브르의 이론에도 허점이 있었습니다. 가장 큰 문제는 연령별 사망률을 구하는 공식에서 사람의 최대 수명을 86세로 고정해두었기 때문에 그보다 높은 연령대의 사망률을 구할 수 없었다는 점입니다. 또한 사망률을 구하는 공식이 명확한 데이터에 기초해서 만들어진 것이 아니라 드무아브르의 가정에 근거한 것이라는 점도 문제였습니다.

▲**에퀴터블 생명 보험** 세계 최초로 과학적으로 보험료를 산출한 생명 보험 회사인 에퀴터블 생명보험은 설립 당시에는 런던에 위치한 교회의 목사관 건물 일부를 임대하여 사용했다.

드무아브르가 프랑스를 떠나 정착했던 영국은 20세기 초에 이르면 세계 최초로 대학에 통계학과를 개설하고 근대적 의미의 통계학을 시작합니다. 드무아브르가 활약하던 17세기에 그 태동을 찾아볼 수 있는데, 뉴턴의 『프린키피아』 출간을 도왔던 천문학자 에드먼드 핼리Edmund Halley가 데이터를 이용해 사람의 사망률을 계산한 결과를 발표한 것이 한 가지 예입니다. 핼리의 연구는 무아브르의 사망 법칙보다 약 30년 일찍 발표되었기 때문에 드무아브르의 사망률 계산식이 실제 현상과 일치하지 않는다는 사실은 금방 밝혀졌습니다. 그러나 드무아브르의 법칙은 연령에 따른 사망률을 쉽게 계산할 수 있고 나이가 들수록 사망률도 높아질 것이라는 직관과 일치했기 때문에 그의 이론을 바탕으로 한 보험 상품은 기존의 보험 상품보다 더욱 안정적으로 운영되었습니다.

보험료 계산에 수학을 활용한다는 드무아브르의 아이디어는 이후 그의 제자인 제임스 도슨James Dodson이 이어받았습니다. 핼리가 발표한 데이터를 바탕으로 현실의 연령별 사망률에 맞춘 합리적인 생명 보험료 계산 방법을 고안해낸 것입니다. 도슨의 연구 덕분에 1762년에 세계 최초의 과학적 생명보험 회사인 에퀴터블 생명보험이 설립되었고, 이는 현재의 생명보험 제도로 이어졌습니다.

자신이 죽는 날을 계산해낸 수학자

전해지는 이야기에 따르면 드무아브르는 자신이 죽는 날을 정확히 맞추었다고 합니다. 그는 나이가 들면서 점점 체력이 떨어지고 수면 시간이 길어졌는데, 자신의 수면 시간이 매일 규칙적으로 늘어난다는 사실을 발견하고 이렇게 예언했습니다.

만약 앞으로도 매일 15분씩 수면 시간이 늘어난다면, 나는 수면 시간이 24시간을 넘는 날 죽을 것이다.

이 예언을 한 1754년 9월 15일의 수면 시간은 6시간이었고, 실제로 매일 15분씩 수면 시간이 늘어났다고 합니다. 그리고 수면 시간이 처음으로 24시간을 넘을 것이라고 예측했던 73일이 경과한 11월 27일에 드무아브르는 숨을 거두었습니다. 향년 87세로,

그는 자신이 사망률을 계산하면서 수명의 최댓값으로 설정했던 나이인 86세에서 약 6개월을 더 살았습니다. 몸소 자신의 법칙을 증명하는 최후를 맞이한 인물이라고 할 수 있습니다.

- 드무아브르는 보험료 책정에 수학적 접근법을 접목하여 안정적인 보험 제도 운영 방식을 제시했다.

- 야코프 베르누이가 정리한 큰 수의 법칙에 따르면 데이터 수가 많아질수록 이론상 확률과 실제 확률의 오차가 줄어든다.

- 드무아브르는 큰 수의 법칙에 따라 보험 가입자가 많아질수록 이론과 실제 확률의 오차가 줄어든다는 사실을 발견했다.

수학이 쉬워지는 최소한의 세계사

인간의 감각을
숫자로 표현하는 법

베르누이의 기대효용

물건의 가치는 가격이 아니라
그것이 제공하는 효용에 근거해야 한다.
— 다니엘 베르누이, 「위험 측정에 관한 새로운 이론」 中

수학의 역사를 훑다 보면 수학뿐만 아니라 세상에 영향을 미치는 다양한 학문을 만날 수 있습니다. 넓은 범주에서 '과학'이라고 불리는 모든 학문의 기초 언어가 수학이기 때문입니다. 한정된 재화를 둘러싸고 일어나는 사람들의 행동을 연구하는 경제학 역시도 기본 언어는 수학입니다. 경제학을 공부하기 위해서는 수학 지식이 필수적입니다.

수학에서 출발한 경제 개념의 한 가지 예로 19세기 프로이센의 경제학자가 정의한 '한계효용 체감의 법칙'을 들 수 있습니다. 이는 어떤 재화를 하나 소비했을 때 느끼는 만족감을 의미하는 한계효용이 체감遞減, 즉 점차로 줄어든다는 내용을 담은 법칙입니다.

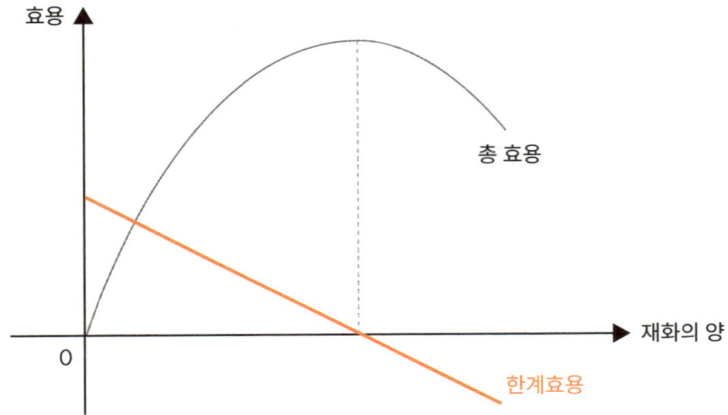

▲한계효용 체감의 법칙 재화를 소비할수록 한 번에 느끼는 만족감은 조금씩 줄어들며, 만족감이 불쾌감으로 바뀌면 한계효용은 음수가 되어 총 효용이 감소하기 시작한다.

우리는 늘 일상에서 한계효용 체감의 법칙을 경험합니다. 외출했다가 집에 돌아와서 마시는 시원한 물이나 음료수를 처음 한 모금 들이켰을 때는 너무나 개운하고 맛있지만, 마시면 마실수록 맛에 대한 감각이 무뎌지지 않던가요? 심지어 적정 수준을 넘어서면 만족감은커녕 불쾌감을 느끼고 배가 아파오기도 합니다. 소비자들은 경험적으로 이에 따라 소비 행동을 하므로 시장에서 재화의 가격이 결정되는 과정을 설명할 때도 한계효용의 법칙을 이용합니다.

이처럼 중요한 경제 개념이 만들어질 수 있도록 토대를 다진 선구자가 바로 18세기의 수학자 다니엘 베르누이Daniel Bernoulli입니다. 앞서 잠시 등장했던 '큰 수의 법칙'을 정리한 야코프 베르누이와 같은 베르누이 가문의 수학자로 야코프의 조카에 해당합니다.

수학이 쉬워지는 최소한의 세계사

그는 인간의 주관적, 심리적인 만족도가 증가하는 방식을 수식으로 표현하는 획기적인 연구를 해냈지만, 평탄하지 못한 가족사 때문에 개인적으로는 많은 어려움을 겪었습니다. 지금부터 다니엘의 삶을 되짚어 보며 그의 업적에 대해 자세히 알아보겠습니다.

▲ **다니엘 베르누이** 다니엘은 베르누이 가문의 2대 수학자 중에서 가장 뛰어난 수학자로 손꼽힌다.

수학 천재들이 태어나는 가문

베르누이 가문은 17세기부터 18세기까지 3대에 걸쳐 수학자를 여덟 명이나 배출한 스위스의 수학자 집안입니다. 베르누이 가문의 수학자들이 남긴 업적이 하나같이 대단하기 때문에 '천재 가문'이라고도 불립니다. 수학과 물리학을 공부하다 보면 베르누이라는 이름을 자주 만날 수 있는데, 자세히 보면 이름이 조금씩 다르다는 사실을 알 수 있습니다.

여덟 명의 수학 천재를 거슬러 올라가면 그 시작점에는 니클라우스 베르누이Niklaus Bernoulli가 있습니다. 니클라우스는 세 명의 아들을 두었는데, 장남이었던 야코프는 스위스 바젤대학교의 수학 교수로 임용되었을 정도로 뛰어난 수학 능력을 지니고 있었습니다. 막내 요한 베르누이Johann Bernoulli는 어릴 때 형 야코프에게서

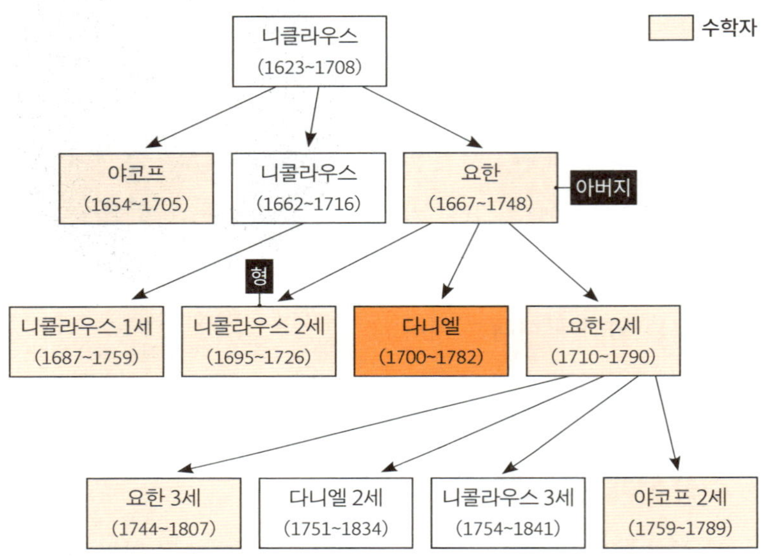

수학을 배웠지만, 점차 그의 교육 방식에 불만을 가지고 형의 지위를 질투하면서 사이가 틀어지게 됩니다. 그러나 요한 역시도 수학적으로 뛰어난 성과를 보였기에 역사적으로 이 두 사람을 묶어서 1대 베르누이라고 부릅니다.

니클라우스는 본래 야코프에게는 철학과 신학을, 요한에게는 사업을 가르치려 했습니다. 요한이 가업인 향신료 무역을 이어받기를 원했기 때문입니다. 하지만 두 아들은 그의 바람과 달리 수학의 매력에 빠져 공부와 연구에 매진했습니다. 그러던 중 야코프가 결핵으로 사망하면서 요한은 형이 맡고 있던 바젤대학교의 수학 교수직을 얻게 됩니다.

다니엘 베르누이는 요한 베르누이의 아들로 베르누이 가문의 수학자 중에서 2대에 해당합니다. 다니엘도 아버지와 마찬가지로 자신의 형인 니콜라우스 2세 베르누이Nicolaus II Bernoulli에게 수학을 배웠습니다. 일찍이 아들의 수학적 재능을 알아차린 아버지 요한 은 13세인 다니엘을 자신이 교수로 재직하던 바젤대학교에 입학 시켰지만, 뜻밖에도 수학이 아니라 철학을 배우게 했습니다. 오만 하면서도 소심했던 요한은 아들 다니엘의 재능을 응원하는 것이 아니라, 아들이 자신을 능가하는 수학자가 되는 것을 막으려고 한 것입니다.

다니엘은 수학을 공부하고 싶었지만 아버지의 결정에 따를 수 밖에 없었습니다. 그래서 대학에서 철학을 공부하면서도 형인 니 콜라우스 2세에게 미적분 등의 수학을 배우며 수학에 대한 열망 을 키워나갔습니다. 철학으로 석사 과정까지 마친 후에 본격적으 로 수학을 공부하려 했지만, 아버지인 요한은 이번에도 다니엘이 순순히 수학을 배우도록 허락하지 않았습니다. 그는 자신의 아버 지인 니클라우스가 그랬던 것처럼 다니엘에게 사업을 가르치려 했지만 실패하고 맙니다. 그러나 어떻게 해서든 아들이 수학을 배 우는 일만은 막고 싶었던 요한은 다니엘을 다시 바젤대학교로 보 내 의학을 공부하게 했습니다.

의학 박사 학위까지 취득한 다니엘은 결국 아버지의 영향력이 미치는 스위스를 떠나 베네치아에서 의사로 일하면서 수학을 연구하는 길을 택합니다. 다니엘은 이때 독일 출신의 수학자인 크리스티안 골트바흐Christian Goldbach와 서신을 교환하며 수학 연구에 집중한 것으로 보입니다. 덕분에 베네치아에서 확률론 등을 다룬 『수학 연습』이라는 저서를 출간하고, 이듬해부터는 러시아의 상트페테르부르크대학교에서 수학 교수직을 맡게 되었습니다. 금상첨화로 다니엘에게 수학을 가르쳐주었던 형 니콜라우스 2세도 같은 학교에서 수학 교수직을 맡게 되면서 의좋은 형제였던 두 사람은 의기투합해서 수학 연구에 몰두합니다. 아버지의 끈질긴 방해에도 계속 노력한 덕분에 자신이 하고 싶은 일을 마음껏 할 수 있는 기회를 잡은 것입니다.

상금이 무한대인 게임에 전 재산을 걸지 않는 이유

다니엘과 니콜라우스 2세는 '상트페테르부르크의 역설'이라는 문제를 연구하고 있었습니다. 상트페테르부르크의 도박장에서 유행하던 게임에 기초하여 두 사람의 사촌인 니콜라우스 1세가 처음으로 제기한 문제였는데, 뒷면이 나올 때까지 동전을 계속 던져 앞면이 나온 횟수에 따라 상금이 두 배로 늘어나는 게임의 참가비로 적절한 금액은 얼마인가 하는 것이었습니다.

이 게임의 구조는 이렇습니다. 동전을 한 번 던져서 바로 뒷면이 나왔다면 게임은 거기서 종료되고 상금은 0원입니다. 그런데 첫 시도에서 앞면이 나오고 그다음 시도에서 뒷면이 나왔다면 앞면이 한 번 나왔으므로 상금을 받을 수 있습니다. 만약 앞면이 처

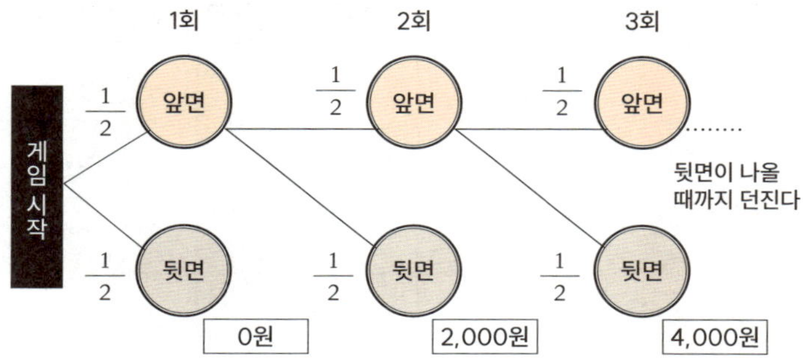

음 나왔을 때 받는 상금이 2,000원이라면, 앞면이 나온 횟수에 따라 상금은 4,000원, 8,000원과 같은 식으로 두 배가 되는 것입니다. 즉, 이 게임의 참가비를 정하라는 문제는 곧 게임을 통해 얻을 수 있는 기대 이익을 계산하는 것이었습니다. 그런데 이 문제에 '역설'이라는 단어가 붙은 데에는 이유가 있습니다. 차근차근 살펴보면 매우 이상하면서도 흥미로운 문제이므로 천천히 따라가 보겠습니다.

답을 읽기 전에 생각해봅시다. 얼마를 내고 이 게임에 참가하면 손해를 보지 않을까요? 얼핏 생각해보면 첫 시도에서 상금을 전혀 받지 못할 확률이 50퍼센트이므로 1,000원 정도면 현실적이라고 생각할 것입니다. 1만 원씩이나 내고 이 게임을 하겠다는 사람은 거의 없을 것으로 예상할 수 있습니다. 하지만 확률론의 기댓값, 즉 확률을 이용하여 계산한 상금의 평균 획득액을 고려하면 우리의 직관을 완전히 빗나가는 놀라운 결과가 나옵니다.

뒷면이 나온 회차	확률	상금	확률 × 상금
1회차	$\frac{1}{2}$	0원	0원
2회차	$\frac{1}{4}$	2,000원	500원
3회차	$\frac{1}{8}$	4,000원	500원
4회차	$\frac{1}{16}$	8,000원	500원
5회	$\frac{1}{32}$	16,000원	500원
⋮	⋮	⋮	⋮

동전은 한 번 던질 때 $\frac{1}{2}$의 확률로 앞면 또는 뒷면이 나오는데, 첫 번째 시도에 뒷면이 나왔다면 게임은 거기서 종료되고 상금은 0원입니다. 두 번째 시도에 뒷면이 나오려면 첫 시도에 앞면이 나와서 두 번째로 던질 기회를 얻어야 합니다. 즉, 두 번째 시도에 뒷면이 나올 확률은 첫 시도에 앞면이 나올 확률 $\frac{1}{2}$에 두 번째 시도에 뒷면이 나올 확률 $\frac{1}{2}$을 곱한 값인 $\frac{1}{4}$이며, 이때 받을 수 있는 상금은 2,000원입니다. 따라서 두 번째 시도에 뒷면이 나올 때 상금의 기댓값은 확률에 상금을 곱한 값인 500원이고, 표 2-7에서 볼 수 있는 것처럼 첫 번째 시도에서 뒷면이 나오는 경우를 제외하면 모든 회차의 상금의 기댓값은 500원으로 일정합니다. 게임을 한 번 할 때 얻을 것으로 기대되는 상금은 이 수치를 모두 더한 값인데, 바로 여기서 아주 이상한 결과가 도출됩니다.

$$500+500+500+\cdots = \infty\,(\text{원})$$

다시 말해서 이 게임에 참가하면 무한대의 상금을 획득할 수 있다는 결과가 나오므로, 전 재산을 내더라도 이 게임에 참가해야 한다는 결론에 이릅니다. 그렇다면 우리의 직관이 잘못된 것일까요? 천천히 생각해보면 이 이상한 불일치의 원인을 찾을 수 있습니다. 앞의 계산에 따르면 10억 원을 내더라도 참가해야 하지만, 10억 원을 내고 이익을 얻으려면 앞면이 연속으로 20회 이상 나와야 하고 그 확률은 약 100만 분의 1이라는 점입니다. 이 확률은 사실상 기적에 가깝습니다.

이처럼 이 문제는 계산으로 나오는 이론적인 기댓값과 인간의 직관이 너무나 다르기 때문에 '역설(모순)'이라는 이름이 붙었습니다. 다니엘은 이러한 감각적인 차이를 수식으로 정리함으로써 현실성 있는 답을 도출해내는 데 성공합니다. 이전까지는 사람들이 의사결정을 내릴 때 기댓값을 고려한다는 의견이 일반적이었지만, 다니엘 베르누이의 발견 덕분에 우리가 느끼는 의사결정의 기준은 기댓값이 아니라 다른 데 있다는 사실이 밝혀졌습니다.

아버지의 질투를 받은 아들의 비극

다니엘의 해답은 뒤에서 더 자세히 살펴보겠지만 그 전에 이 시기 그의 인생에 대해 다시 돌아볼 필요가 있습니다. 상트페테르부르크대학교의 교수로 부임한 1725년 전후 다니엘은 아버지 요한

▲**상트페테르부르크대학교** 상트페테르부르트대학교 건물의 본관(왼쪽)에는 400미터가 넘는 긴 복도가 있어서 당대 최고의 수학자들이 이 복도를 걸으며 수학적 난제를 토론했다. 다니엘 베르누이는 대학이 설립된 이듬해에 교수로 부임했다.

의 압박에서 해방되어 존경하는 형과 함께 연구를 계속하며 행복한 인생을 보내리라 기대했을 것입니다. 그러나 인생은 한 치 앞도 내다볼 수 없다는 말처럼 다니엘은 이 무렵 엄청난 비극을 맞닥뜨리게 됩니다. 러시아에서 수학 교수로 연구를 시작한 지 채 1년도 되지 않아 니콜라우스 2세가 열병으로 세상을 떠난 것입니다. 어렸을 때부터 수학을 가르쳐주고 멀리 떨어진 러시아까지 와서 동고동락하던 형이 사망했으니 그 충격은 이루 말할 수 없을 정도였을 것입니다. 형을 잃은 깊은 슬픔 속에서 다니엘은 아버지에게 바젤로 돌아가고 싶다는 편지를 보냈습니다. 고향으로 돌아가 다른 가족과 형을 추모하고 싶었던 것입니다.

그러나 아버지 요한이 취한 행동은 또다시 예상을 빗겨갔습니

수학이 쉬워지는 최소한의 세계사

다. 먼 땅에서 고생하는 아들을 바젤로 불러오는 대신 자신의 제 자인 수학자 레온하르트 오일러Leonhard Euler를 상트페테르부르크로 보낸 것입니다. 이 조치가 다니엘의 연구 의지를 북돋으려는 부모의 마음이었는지, 아니면 요한이 바젤에서 자신의 지위를 지키기 위한 방책이었는지 그 진의는 분명하지 않습니다. 다만 오일러의 방문 자체는 다니엘에게 기쁜 일이었습니다. 이전보다 생산적인 연구를 할 수 있어서 형을 잃은 상실감에 시달리지 않아도 되었기 때문입니다. 하지만 그것도 잠시뿐이었습니다.

다니엘은 이후 바젤로 돌아와 그간의 연구 성과를 파리의 과학 아카데미에 보냈지만 이 일은 또 다른 비극을 불러왔습니다. 같은 해에 아버지인 요한도 같은 곳에 연구 성과를 보내서 부자가 함께 그랑프리를 수상한 것입니다. 일반적인 부모라면 자식이 자신만큼 성장했다는 생각에 뛸 듯이 기뻐했을 것입니다. 그러나 요한의 반응은 달랐습니다. 그는 아들과 동등한 평가를 받았다는 사실에 격분해서 다니엘이 본가로 돌아오지 못하도록 막아버립니다.

요한은 그 뒤로도 아들에 대한 질투를 버리지 못하고 다니엘이 발표한 물리학 저서 『유체역학』을 도용하여 마치 자신이 연구한 것처럼 발표했습니다. 『유체역학』은 기체 운동 이론의 기초를 닦은 역사적인 저서로, 현대의 비행기의 양력을 설명하는 데에도 이용되는 베르누이 방정식을 담고 있었습니다. 요한은 아들의 뒤를 이어 비슷한 내용을 발표하면서 출간 연도를 위조하여 자신이 먼저 연구를 시작한 것처럼 꾸미기까지 합니다. 다니엘은 그랑프리를 수상할 때까지만 해도 아버지와의 관계 회복을 바랐지만 이 일을 계기로 가족과의 관계를 회복하려는 모든 의지가 꺾여버리고 맙니다.

인간의 감각을 수치화할 수 있을까

험난한 가족사 때문에 개인적으로 힘든 상황에서도 다니엘은 1738년에 오일러와 함께 연구하여 얻은 성과를 발표했습니다. 「위험의 측정에 관한 새로운 이론」이라는 제목으로 발표된 논문에는 앞서 언급한 '상트페테르부르크의 역설'의 해결책이 실려 있었습니다. 다니엘은 이 논문에서 다음과 같이 말했습니다.

> 부의 증가로 얻을 수 있는 만족감(효용)은 그때까지 보유
> 하고 있던 부의 양에 반비례한다.

간단히 말해서 같은 것을 받아도 원래부터 가진 것이 적을수록 만족감이 크고 원래 가진 것이 많았다면 만족감이 작다는 뜻입니다. 우리도 일상에서 자주 접할 수 있지만 주관적이고 심리적인 느낌이기 때문에 수학으로 이를 표현하기는 매우 어렵게 느껴집니다. 다니엘이 이 느낌을 어떻게 풀어낸 방식을 앞서 소개한 '음료수는 첫 번째 잔이 가장 맛있다'라는 예를 통해 알아보겠습니다. 오렌지주스 10잔을 마신다고 했을 때 만족도는 처음 마실 때 가장 크고, 마시면 마실수록 만족도가 줄어들 것입니다. 이를 그

수학이 쉬워지는 최소한의 세계사

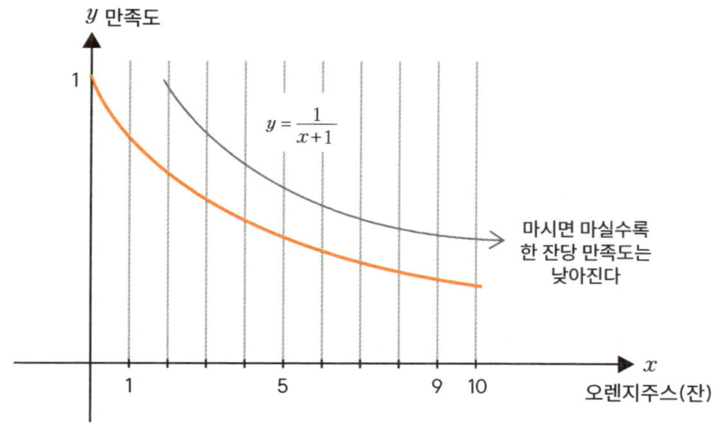

래프로 그리면 표 2-8처럼 반비례 그래프 형태가 됩니다.

　위 그래프에서의 어느 한 점은 오렌지주스 한 잔당 만족도를 나타냅니다. 그러면 여러 잔을 마셨을 때의 전체적인 만족도는 어떻게 구할 수 있을까요? 세 잔을 마셨을 때의 전체 만족도는 첫 번째 잔을 마셨을 때의 만족도에 두 번째, 세 번째 잔을 마셨을 때의 만족도를 더하면 구할 수 있습니다. 이를 그래프로 생각해보면 x축과 y축, 그리고 그래프의 선으로 둘러싸인 부분의 넓이를 구하는 것과 같습니다. 다만 이 그래프는 완만한 곡선을 그리고 있어서 도형의 넓이를 구하는 데 사용하는 일반적인 공식으로는 계산하기 어렵습니다. 이럴 때 사용하는 수학 개념이 바로 적분입니다. 수식으로 풀어 쓰면 복잡해 보이지만 적분의 개념 자체는 간단합니다. 도형을 작은 직사각형으로 한없이 잘게 쪼개어 각각의

 적분 이해하기

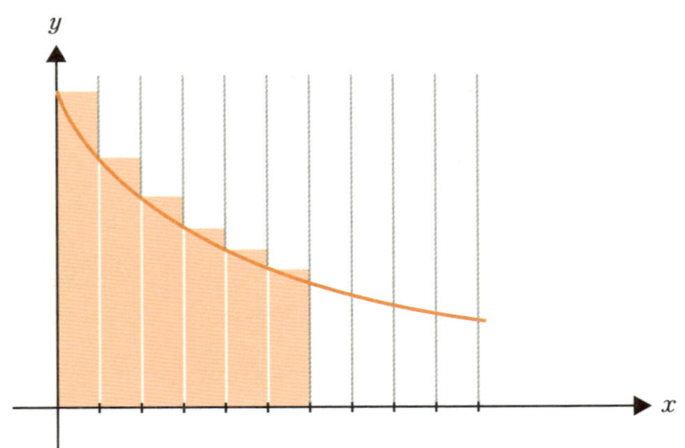

 오렌지주스 누적 만족도

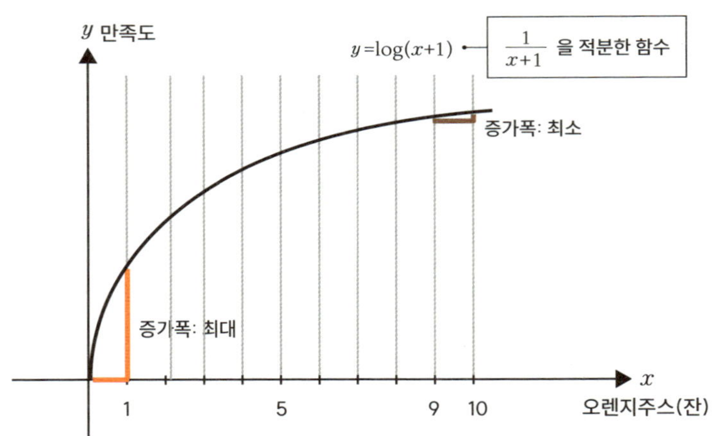

수학이 쉬워지는 최소한의 세계사

넓이를 구한 다음 모두 더하는 것입니다. 표 2-9를 보면 그래프 밖으로 튀어나가는 영역이 너무 크게 느껴지지만, 직사각형의 밑변을 한없이 잘게 쪼갠다면 직사각형도 그만큼 작아지면서 그래프와 거의 흡사한 형태가 될 것입니다. 이러한 적분 개념을 이용해서 반비례 함수를 적분하면, 한 잔을 추가로 마실 때마다 누적되는 만족도는 로그 함수로 나타납니다.

표 2-10의 누적 만족도를 나타내는 그래프를 보면 똑같이 한 잔을 마시더라도 아무것도 마시지 않았다가 첫 번째 잔을 마실 때가 만족도의 증가 폭이 가장 크고, 이미 아홉 잔을 마신 상태에서 열 번째 잔을 마실 때 만족도의 증가 폭이 가장 작은 것을 알 수 있습니다. 그 이후에는 그래프가 매우 완만해지는데 이는 열 번째 잔 이후로는 만족도가 증가하기 더 어려워진다는 의미입니다. 수식으로 그린 그래프와 우리가 감각적으로 느끼는 경험이 일치하는 양상을 보이는 것입니다.

한계효용 체감의 법칙의 일상적인 예를 한 가지 더 들어보겠습니다. 한 달에 한 번 받는 용돈이 1만 원에서 2만 원으로 오른 초등학생과 월급이 200만 원에서 201만 원으로 오른 직장인 모두 한 달에 1만 원을 더 받는다는 점은 같지만 둘 중 더 크게 기뻐하는 쪽은 초등학생일 것입니다. 이 차이가 바로 '로그적 감각'입니다. 로그 함수에서는 x가 지수적으로 증가할 때 y는 선형적linear으로, 즉 순차적으로 증가합니다. 받는 금액이 1만 원에서 2만 원이 될 때와 2만 원에서 4만 원이 될 때 만족도가 증가하는 양이 같

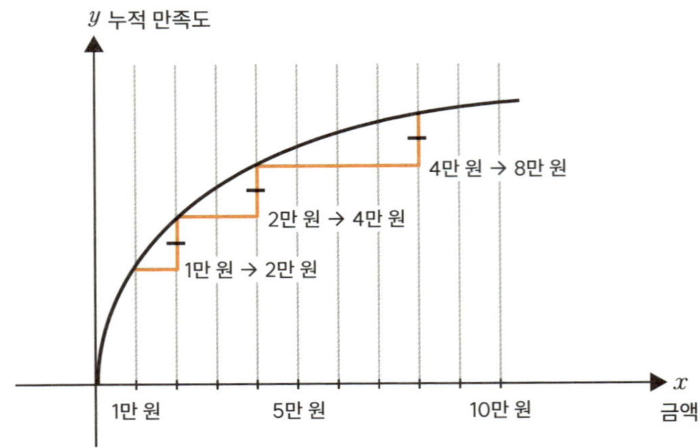

다는 의미입니다. 따라서 직장인이 초등학생과 같은 수준의 만족도를 느끼기 위해서는 월급이 1만 원 인상에 그치는 것만으로는 부족하고, 200만 원에서 400만 원으로 두 배 인상되어야 할 것입니다.

모든 감각은 로그의 성질을 가진다

앞에서 살펴본 상트페테르부르크의 역설에서 얻을 수 있는 상금의 기댓값은 무한대였습니다. 그렇다면 상금을 통해 얻을 수 있는 만족도의 기댓값으로 계산하면 어떻게 달라질까요? 이 게임에서 처음으로 2,000원을 받았을 때의 만족도가 2,000원어치 가치가 있다고 했을 때 로그적으로 증가하는 만족도의 기댓값을 구해보겠습니다.

확률	만족도	확률 × 만족도
$\frac{1}{2}$	–	–
$\frac{1}{4}$	2,000원	500원
$\frac{1}{8}$	약 2,260원	약 283원
$\frac{1}{16}$	약 2,520원	약 158원
$\frac{1}{32}$	약 2,780원	약 87원
⋮	⋮	⋮

※(만족도)=$2000\log_{2000}$(상금)으로 계산한다.

0에 가까워진다!

기댓값은 회차별 확률에 만족도를 곱한 값을 모두 더한 값이므로, 실제로 계산해보면 다음과 같습니다.

$$500+283+158+87+\cdots \fallingdotseq 1{,}130 \ (원)$$

유한한 값

이에 따르면 동전을 던져서 앞면이 계속 나오면 상금은 두 배가 되지만 만족도는 균등하게 증가합니다. 따라서 만족도의 기댓값은 유한한 값이 됩니다. 만족도가 로그적으로 증가한다면 만족도의 증가 폭이 점차 줄어들어 결국 0에 가까워지기 때문입니다.

이렇게 만족도의 기댓값을 계산하면 약 1,130원에 수렴합니다. 그러므로 상트페테르부르크의 역설에 대한 답, 즉 게임 참가 비용의 적정 금액은 1,130원일 것입니다.

이처럼 다니엘은 먼저 세상을 떠난 형에게서 배운 적분과 로그를 이용해서 문제의 해결책을 찾아냈습니다. 다니엘이 풀어낸 상트페테르부르크 역설의 답은 19세기 경제학자들에 의해 한계효용 체감의 법칙으로 이어집니다. 19세기 심리학자들 역시 인간의 감각이 로그적이라는 기록을 남긴 것을 보면 다니엘의 연구가 얼마나 시대를 앞서 있었는지 짐작할 수 있습니다. 인간의 주관적인 감정을 수학의 언어로 풀어낸 다니엘의 선구적인 연구는 이후 의사결정 이론의 초석이 되었습니다.

 **역사를 바꾼 결정적 수학**

- 다니엘 베르누이는 인간이 주관적으로 느끼는 만족도가 로그 법칙에 따라 증가한다는 점을 알아냈다.

- 로그적 증가란 처음에는 무섭게 치솟다가 뒤로 갈수록 완만해지며 증가 폭이 줄어드는 형태를 의미한다.

- 다니엘 베르누이의 통찰을 바탕으로 19세기 경제학자들은 재화나 서비스를 소비할 때 느끼는 만족도가 뒤로 갈수록 점점 줄어든다는 한계효용 체감의 법칙을 정립했다.

수학이 쉬워지는 최소한의 세계사

프랑스 혁명 전야에 발견된
다수결의 허점

콩도르세의 역설

의사결정 형식이 결과에 영향을 미칠 수 있다.

— 니콜라 드 콩도르세,『다수결 확률 해석 시론』中

다수결은 일상에서 자주 등장하는 의사결정 방식입니다. 학급회의에서 토의를 할 때는 물론이고 회사에서 중요한 결정을 내릴 때뿐만 아니라 나라를 위해 일하는 정치인을 뽑는 선거에 이르기까지 다방면으로 활용되지요. 다수결 방식이 가장 많이 사용되는 이유는 의사결정 과정에 많은 인원이 참여할 수 있으며 공평하고 민주적이라고 여겨지기 때문입니다.

하지만 다수결도 완벽한 방법이라고 보기는 어렵습니다. 후보자 세 명 중에서 마을 대표 한 명을 뽑는 선거를 생각해보겠습니다. 마을 대표 한 명을 뽑는 선거에 X, Y, Z라는 후보자 세 명이 나왔습니다. 이들에게 표를 던질 일곱 명의 투표자 A, B, C, D, E, F,

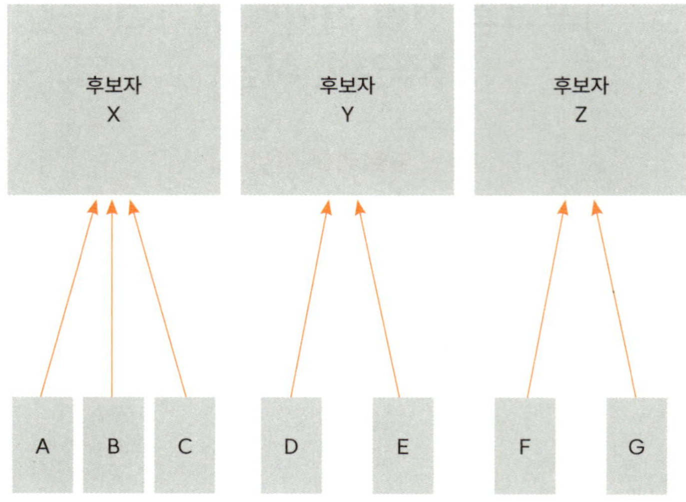

G는 다음과 같이 저마다 가장 선호하는 후보자와 가장 기피하는 후보자가 있습니다.

- A, B, C는 X를 가장 지지하고, Z를 가장 지지하지 않는다.
- D, E는 Y를 가장 지지하고, X를 가장 지지하지 않는다.
- F, G는 Z를 가장 지지하고, X를 가장 지지하지 않는다.

투표를 하면 가장 많은 표를 받은 X가 마을 대표로 선출될 것입니다. 다수결의 원칙상 자연스러운 결과처럼 보이지만, 자세히 살

수학이 쉬워지는 최소한의 세계사

펴보면 몇 가지 문제를 발견할 수 있습니다. 우선 Y를 지지하거나 Z를 지지한다는 소수 의견이 무시된다는 문제가 있습니다. 이는 다수결의 대표적인 단점으로 자주 언급되지요. 그런데 이 사례에서는 'X를 가장 지지하지 않는다'라는 다수의 의견까지도 무시됩니다. 일곱 명 중 네 명이 'X를 가장 지지

▲니콜라 드 콩도르세 그는 후작 가문에서 태어난 귀족이었지만 적극적으로 사회 개혁을 이끌었던 인물이었다.

하지 않는다'라고 했음에도 X가 마을 대표로 뽑히는 것입니다.

이 문제는 프랑스 혁명기에 민주적인 의사결정 방법을 찾기 위해 투표 제도를 연구하던 어느 수학자에 의해 최초로 발견되었습니다. 귀족이면서도 평등 사상을 지지하고 사회적 약자의 편에 섰던 니콜라 드 콩도르세Nicolas de Condorcet가 그 주인공입니다. 지금부터 콩도르세가 더 나은 사회를 만들기 위해 수학을 어떻게 활용했는지 알아보겠습니다.

이성의 빛이 비추던 시대의 수학 신동

콩도르세는 1743년 프랑스 북부에서 귀족의 아들로 태어났습니다. 이 무렵 루이 15세가 다스리던 프랑스는 오스트리아 왕위 계승 전쟁에 휘말려 있었습니다. 여성인 마리아 테레지아가 오스

트리아의 합스부르크 왕가를 계승하는 것은 부당하다는 이유로 시작된 이 전쟁에는 유럽의 거의 모든 강대국이 얽혀 있었습니다. 이러한 혼란 중에 프랑스 기병대 대위였던 콩도르세의 아버지는 아들이 태어난 지 얼마 되지 않아 훈련 도중 사망하고 맙니다. 콩도르세는 홀로 남은 어머니 아래서 자랐는데, 여덟 살 때까지는 여자아이처럼 길러졌다고 합니다. 일찍이 남편을 잃는 비극을 겪었던 콩도르세의 어머니가 아들을 과보호한 것입니다. 그는 더 나이가 든 후에는 삼촌 아래서 자연스럽게 남자아이처럼 자라며 수학을 비롯한 여러 분야에서 서서히 재능을 보이기 시작했습니다.

콩도르세는 16세 때 계몽주의 사상가이자 수학자인 장 르 롱 달랑베르Jean le Rond d'Alembert의 눈에 들어 그의 아래에서 공부하면서 수학 신동으로 알려졌습니다. 계몽주의는 가톨릭 교회와 절대

수학이 쉬워지는 최소한의 세계사

왕정의 봉건적이고 비합리적인 특권과 제도에 맞서서 인간의 이성과 합리성을 강조하는 진보적인 사상이었습니다. 17~18세기에 전 유럽을 휩쓸었던 문화 사조로, 오늘날의 과학적 사고방식은 사실상 계몽주의 시대에 만들어졌다고 해도 과언이 아닙니다. 달랑베르는 프랑스 계몽주의를 이끌던 대표적인 수학자이자 철학자였으므로 콩도르세는 당대 최고의 지식인에게서 교육을 받은 셈입니다.

20대 초반에 적분에 관한 저작을 발표해 학계의 주목을 받은 콩도르세는 26세라는 젊은 나이에 파격적으로 프랑스 과학아카데미의 회원이 됩니다. 그는 확률론과 적분학을 연구하며 관련 저작을 연달아 발표했으며 활동 무대를 넓혀서 미국 철학협회와 스웨덴 왕립 과학아카데미 등 여러 해외 학술 기관의 회원으로 선출되기에 이릅니다. 이처럼 수학계에서 콩도르세의 영향력이 매년 커지는 가운데, 1770년대부터 그의 관심은 수학뿐만 아니라 사회 전반으로 확장되기 시작합니다.

가장 민주적인 투표 방식을 찾아서

콩도르세는 30대에 파리 조폐국의 감찰관으로 임명되는데, 이후에 이때의 경험을 살려서 달랑베르가 편찬한 『백과전서』의 경제 관련 항목을 집필했습니다. 이 책은 당대까지 연구된 내용을 하나로 정리한 계몽주의 철학의 금자탑이라고 일컬어집니다. 볼테르, 몽테스키외, 장자크 루소 등 지금까지도 이름이 남아 있는

쟁쟁한 계몽주의 사상가들이 집필에 참여했다는 점을 고려하면 프랑스 계몽주의에서 콩도르세의 역할과 위치가 어느 정도였는지 엿볼 수 있습니다. 그는 여성과 흑인의 권리를 적극적으로 옹호하고 프랑스 사회에 만연했던 부정과 비리에 분개하는 등 귀족으로 태어났음에도 만인의 평등을 추구한 인물이었습니다. 또한 기본 소득 제도, 성별과 계급을 뛰어넘는 보편적인 공교육 실시 등 당시로서는 놀라운 주장을 펼쳤습니다.

평등한 사회에 대한 콩도르세의 관심은 그가 40대에 들어서 출간한 『다수결 확률 해석 시론』으로 이어집니다. 이 책은 사회학에 수학적 방법을 도입한 초기 사례로 손꼽히며, 지금도 자주 인용되는 '콩도르세의 역설'과 '배심원 정리' 등이 실려 있었습니다. 콩도르세의 역설은 다수결, 즉 최다득표제가 유권자 개개인의 선호도를 정확히 반영하지 못한다는 내용을 담고 있어서 '투표의 역설'이라고 불리기도 합니다.

마을 대표 한 명을 뽑는 선거에 X, Y, Z라는 후보자 셋이 출마한 사례를 예로 들어 콩도르세의 역설을 살펴보겠습니다. A, B, C 세 명의 투표자가 각 후보자를 지지하는 정도를 부등식으로 나타내면 다음과 같습니다.

- A의 선호도 : X>Y>Z
- B의 선호도 : Y>Z>X
- C의 선호도 : Z>X>Y

수학이 쉬워지는 최소한의 세계사

표 2-14　투표자가 세 명일 때 마을 대표 선거의 토너먼트

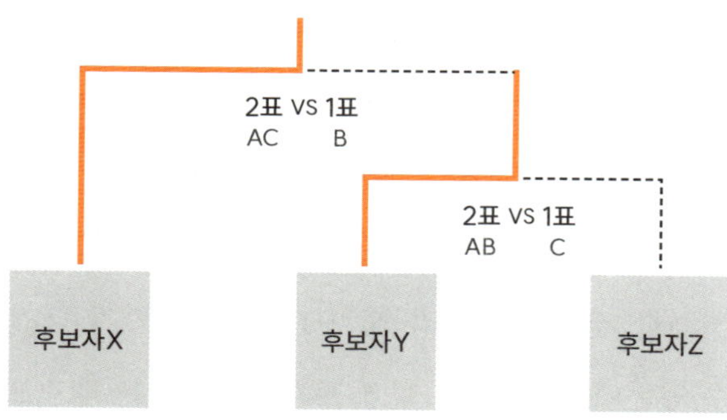
2표 vs 1표
AC　　B
2표 vs 1표
AB　　C
후보자X
후보자Y
후보자Z

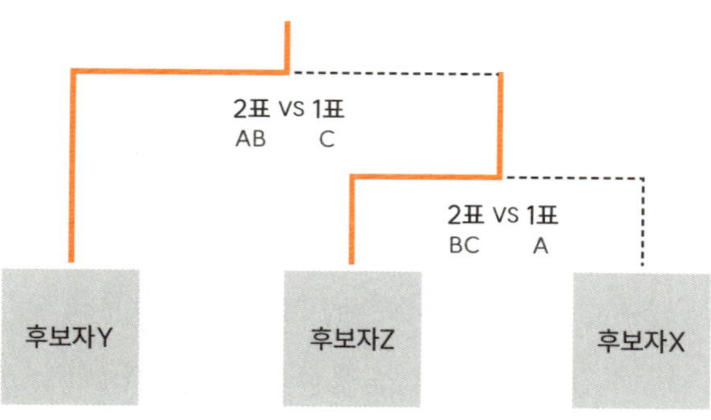
2표 vs 1표
AB　　C
2표 vs 1표
BC　　A
후보자Y
후보자Z
후보자X

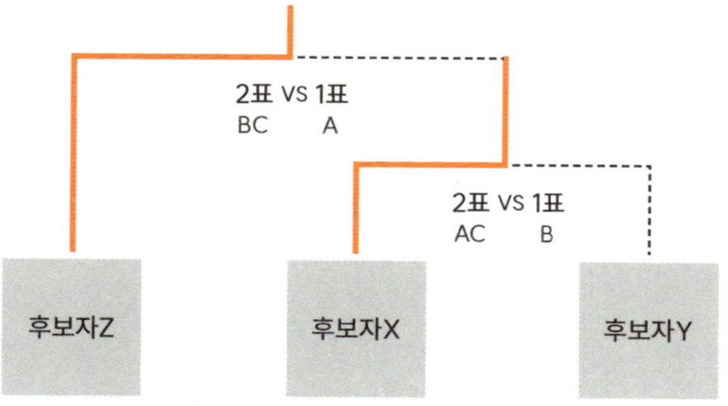
2표 vs 1표
BC　　A
2표 vs 1표
AC　　B
후보자Z
후보자X
후보자Y

각자 가장 선호하는 후보자에 한 표씩 행사한다면 X, Y, Z 모두가 한 표씩 얻기 때문에 다수결로는 당선자를 결정할 수 없습니다. 대안으로 둘씩 겨루어서 이긴 쪽이 올라가는 토너먼트 방식을 취하는 방법을 고려해볼 수 있지만, 이 사례는 참가자가 세 명이므로 한 명이 부전승으로 올라갈 수밖에 없습니다. 이때 누구를 부전승 처리할 것인지에 따라 표 2-14처럼 세 가지 대진표를 구성해볼 수 있는데, 이때 표를 보면 토너먼트에서는 대진표 구성에 따라서 당선자가 달라진다는 사실을 알 수 있습니다. 즉, 대진표를 만드는 작성자가 사실상 임명권을 쥐는 것과 같은 결과가 나오는 것입니다.

그렇다면 모든 후보자가 일대일로 겨루는 리그전 방식은 어떨까요? 앞의 선호도에 따라 리그전 대진표를 작성해보면 모든 후보자가 1승 1패를 하게 됩니다. 즉, 처음의 일반 투표와 마찬가지로 최종 당선자가 나오지 않는 결과가 나옵니다. 이때 리그전의 결과를 수식으로 정리하면 다음과 같습니다.

X>Y 그리고 Y>Z 그리고 Z>X

결국 X>Y>Z>X라는 가위바위보와 같은 순환이 이루어져 수식상 모순이 발생하는 것입니다.

콩도르세는 리그전 방식이 민심을 반영하기 쉬운 방법이라고 주장했습니다. 실제로 일곱 명의 투표자가 있는 사례에서는 투표

수학이 쉬워지는 최소한의 세계사

	X	Y	Z
X		O 2-1	× 1-2
Y	× 1-2		O 2-1
Z	O 2-1	× 1-2	

	X	Y	Z
X		× 3-4	× 3-4
Y	O 4-3		O 5-2
Z	O 4-3	× 2-5	

자의 각 후보에 대한 선호도가 아래와 같다고 할 때 리그전 방식
을 취하면 당선자가 나옵니다.

- A, B, C의 선호도 : X>Y>Z
- D, E의 선호도 : Y>Z>X

• F, G의 선호도 : Z>Y>X

그러나 이 방법을 이용해도 모든 경우에 반드시 당선자가 정해지는 것은 아닙니다. 게다가 리그전 방식은 여러 번 투표를 해야 하기 때문에 시간과 비용이 많이 소요된다는 치명적인 단점이 있고, 콩도르세 역시 현실적으로 모든 사례에 리그전을 적용할 수 없다는 사실을 잘 알고 있었습니다. 그가 『다수결 확률 해석 시론』에서 주장하려 한 핵심은 다수결이 잘못된 방식이라는 것이 아니라, 다수결 방식에도 문제가 있으므로 더 나은 의사결정 시스템이 필요하다는 의견을 제시하기 위함이었습니다. 이 책이 출간된 시기가 프랑스 혁명이 일어나기 4년 전으로 민주적인 의사결정 방식에 대한 관심이 높아지던 시기라는 점을 고려하면 그의 진의를 짐작할 수 있습니다.

왜 다수의 결정이 더 현명할까

콩도르세가 『다수결 확률 해석 시론』에서 다룬 또 하나의 중요한 발견은 '배심원 정리'입니다. 콩도르세의 역설이 세 가지 이상의 선택지 중 하나를 고를 때 일어나는 문제라면, 배심원 정리는 두 가지 선택지 중 하나를 고를 때와 관련된 것입니다. 양자택일의 상황에서 각 투표자가 올바르게 판단할 확률이 50퍼센트 이상일 때 다수결에 의한 결정이 개인의 판단보다 올바를 확률이 높다는 내용입니다. 그는 또한 투표자의 수가 늘어날수록 올바른 의사

수학이 쉬워지는 최소한의 세계사

결정이 내려질 확률이 높아진다고 주장했습니다. 이를 당시의 시대상과 연관지어 생각해보면 소수의 귀족만 의사결정에 참여하기보다 다수의 민중까지 참여해야 더 나은 결정을 내릴 확률이 높아진다는 함의를 지닌 것이라고 볼 수 있습니다. 사례를 통해 배심원 정리의 구체적인 내용을 알아보겠습니다.

> 마을 대표 한 명을 뽑는 선거에 X와 Y라는 후보자 두 명이 출마했는데, 그중 임무를 더 잘 수행할 수 있는 후보자는 Y다. 투표자는 각자의 판단에 따라 투표하며 저마다 올바르게 투표할 확률, 즉 Y를 뽑을 확률은 60퍼센트다. 이때 투표자가 몇 명이 되어야 90퍼센트 이상의 확률로 Y가 마을 대표로 뽑힐 수 있을까?

물론 결정의 올바름을 판단하는 기준은 매우 주관적이어서 투표자 개인마다 모두 다를 것입니다. 실제 선거에서는 어느 후보자가 객관적으로 더 나은지 판단하기가 쉽지 않고, 유력 정치인의 변론이나 영향력 있는 인물의 연설에 여론이 쉽게 휘둘리기 때문에 투표자가 오로지 자신의 생각에 따라서 후보를 선택하기 어렵습니다. 이처럼 현실에서는 고려해야 할 변수가 많지만 여기에서는 조건을 단순화하여 수학적으로 접근해보겠습니다. 투표자가 짝수일 경우 동점이 나올 수 있으므로, 투표자가 한 명일 때와 세명일 때를 가정하고 계산하면 다음과 같습니다.

투표자 수(명)	Y의 당선 확률(%)
1	60.00
3	64.80
5	68.26
7	71.02
9	73.34
11	75.35
⋮	⋮
39	89.79
41	90.35

1. 투표자가 한 명일 때

투표자 한 명이 올바른 판단을 내릴 가능성은 60퍼센트이므로, 60퍼센트의 확률로 Y가 당선된다.

2. 투표자가 세 명일 때

투표자가 세 명일 때 어느 한 후보자가 당선되려면 최소 두 명 이상이 한 후보자를 뽑아야 한다. 즉, 두 명이 Y를 뽑거나 모두가 Y를 뽑으면 Y가 당선된다. 그러므로 두 경우의 확률을 더하면 Y가 당선될 확률을 구할 수 있다.

1) 세 명이 모두 Y를 뽑을 확률

$0.6 \times 0.6 \times 0.6 = 0.216$

2) 두 명이 Y를 뽑을 확률

세 명 중 두 명이 Y를 뽑는 경우의 수는 세 가지이므로,

$(0.6 \times 0.6 \times 0.4) \times 3 = 0.432$

그러므로 $0.216 + 0.432 = 0.648$ (64.8%)

즉, 투표자가 세 명일 때 64.8퍼센트의 확률로 Y가 당선된다.

투표자가 한 명일 때와 세 명일 때를 비교해보면 투표자가 더 많을 때 Y가 선택될 확률이 높아진다는 사실을 알 수 있습니다. 투표자의 수를 늘려서 계산한 값을 정리한 표 2-17을 보면 더욱 명확합니다. 따라서 투표자 개개인이 60퍼센트의 확률로 올바른 판단을 할 수 있다고 가정할 때, 90퍼센트 이상의 확률로 Y가 당선되기 위해서는 41명 이상의 투표자가 필요합니다. 투표에 참여하는 사람의 수가 많아질수록 올바른 후보자가 선출될 가능성이 높아진다는 사실이 수학적으로 증명된 것입니다. 이러한 연구는 자연히 일부 특권층에만 주어지던 선거권을 확대해야 한다는 주장으로 이어졌습니다.

귀족이면서도 평등을 영원했던 수학자의 최후

『다수결 확률 해석 시론』이 발표된 지 4년 뒤인 1789년에 마침내 프랑스 혁명이 일어났습니다. 콩도르세는 새로운 정부를 만들

기 위한 입법의회, 국민공회의 의원으로 선출되어 사회를 개혁하는데 주도적인 역할을 맡았습니다. 그러나 몇 가지 의견 차이로 콩도르세가 유력 파벌의 눈밖에 나면서 그의 인생은 잘못된 방향으로 흘러가기 시작합니다.

콩도르세는 공화제를 지지했지만 비교적 온건한 성향이었기 때문에 루이 16세의 처형을 반대하고 무자비한 단두대 처형을 비난했습니다. 또한 당시로서는 놀랍게도 모든 단계에서 무상 교육을 제공해야 하며 공공 교육에서 가톨릭 종교 교육을 배제해야 한다는 주장을 펼쳤습니다. 교회 세력과 유력 파벌은 그의 의견을 탐탁지 않게 여겼습니다. 그래서 콩도르세가 작성한 헌법 초안은 채택되지 못했고, 그의 개혁안도 지지를 얻지 못했습니다. 끝내는 유력 파벌이 낸 헌법안과 이를 지지하는 사람들을 비판했다는 이유로 국가 반역자라는 낙인이 찍혀 체포장이 발부되기에 이릅니다.

콩도르세는 거처를 옮기며 숨어 지냈지만 앞날이 보이지 않는 도피 생활에 몸과 마음은 점점 지쳐갔습니다. 체포장이 발부된 지 다섯 달이 지난 어느 날, 콩도르세는 작은 여관에 들어가 오믈렛을 주문했습니다. 여관 주인이 달걀을 몇 개 먹겠냐고 묻자 몹시 지친 수학자는 "한 다스"라고 답했습니다. 상식을 벗어난 대답을 수상하게 여긴 여관 주인이 그를 경찰에 신고하여 결국 콩도르세는 체포되고 말았습니다. 그는 이틀 뒤 옥중에서 생을 마감했는데, 음독 자살이라는 이야기도 있고 정적들에 의해 독살당했다는 설도 있습니다. 귀족이면서도 진정한 평등을 위해 펜을 들었던 수학자의 안타까운 최후라고 할 수 있습니다.

- 콩도르세의 역설은 다수결을 통한 의사결정이 집단 구성원 개개인의 선호를 명확히 반영하지 못한다는 점을 지적한다.

- 배심원 정리는 의사결정에 참여하는 사람이 많아질수록 올바른 결정을 내릴 확률이 높아진다는 내용을 담고 있다.

1796년
아돌프 케틀레
탄생

19세기 초
근대 국가
등장

1820년
플로렌스
나이팅게일
탄생

1830년
벨기에 혁명

1800년대

1914년
란체스터,
란체스터 법칙
발표

제1차 세계대전
발발

1912년
앨런 튜링
탄생

1904년
무솔리니,
파레토 강의
청강

1903년
존 폰 노이만
탄생

1900년대

1922년
무솔리니,
파시즘 정권
수립

1933년
히틀러,
독일 총리
취임

1936년
튜링,
튜링 머신
발표

혼돈 속에서 질서를 찾아낸 수학

1835년
케틀레, '인간과 그 능력의 발달에 대하여, 출간

1848년
빌프레도 파레토 탄생

1853년
케틀레, 제1회 국제통계학회 주최

크림 전쟁 발발

1854년
나이팅게일, 크림 전쟁 파견

1868년
프레더릭 란체스터 탄생

1896년
파레토, 파레토 법칙 발표

1883년
프랭크 벤포드 탄생

1881년
사이먼 뉴컴, 로그표의 숫자 편중 발견

1938년
벤포드, 벤포드의 법칙 발표

1939년
제2차 세계대전 발발

튜링, 에니그마 암호 해독

1943년
폰 노이만, 맨해튼 프로젝트 참여

1944년
폰 노이만과 모르겐슈테른, 게임 이론 확립

가장 평균적인 것이
가장 이상적이다

사회에서 벌어지는 모든 현상은 매년 소름 끼칠 정도로
정밀하게 반복된다. 우리는 얼마나 많은 사람이 감옥에 갈지,
누가 얼마나 죽을지 미리 계산할 수 있다.

— 아돌프 케틀레, 『인간과 그 능력의 발달에 대하여: 사회 물리학적 시론』中

어떤 14세 남학생이 건강검진 결과를 받고 "작년보다 키가 자라서 165센티미터였어요"라고 했다면 이 남학생의 키는 큰 편일까요, 작은 편일까요? 아직 성장 중인 청소년이니 이 정보만 들어서는 주관적인 느낌을 말할 수밖에 없을 것입니다. 그런데 이 학생이 이어서 이렇게 덧붙입니다. "14세 남자의 평균 키는 166.8센티미터래요." 여기까지 들으면 이 남학생이 14세 집단 안에서 키가 작은 편이라고 쉽게 판단할 수 있습니다.

평균값을 알면 집단 안에서 자신의 위치를 파악할 때 유용합니다. 시험 성적표를 받을 때도 자기 점수 다음으로 확인하는 것이 평균값(평균 점수)입니다. 내가 80점을 받았다고 해도 평균이 70점

수학이 쉬워지는 최소한의 세계사

이라면 시험을 잘 봤다고 할 수 있고, 설령 90점을 받았더라도 평균이 95점이라면 시험을 잘 봤다고 말하기 힘들 것입니다.

그런데 평균이라는 개념은 비교적 최근에 만들어진 것입니다. 19세기 벨기에의 수학자 아돌프 케틀레Adolphe Quételet가 평균의 중요성을 강조하기 전까지만 해도 우리 사회에서 평균값이라는 개념은 크게 중요하지

▲ **아돌프 케틀레** 케틀레는 천문학, 수학, 통계학, 사회학 등 다방면에 업적을 남긴 과학자로, '평균적인 인간'이라는 개념을 최초로 제시했다.

않았습니다. 사회를 연구할 때는 주로 연구자의 주관이나 경험치에 근거해 이루어졌기 때문에 평균값을 구하는 것과 같은 통계적인 방법을 쓸 필요가 없었기 때문입니다. 하지만 케틀레는 통계학을 사회학에 응용하면서 평균값이 사회 현상을 분석하는 데 중요한 지표라고 주장했습니다. 오늘날에는 비만도를 확인하는 데 주로 사용하는 체질량지수BMI, body mass index를 최초로 만든 사람도 케틀레인데, 이 역시도 평균적인 인간의 신체 조건을 통계적으로 정의하고자 했던 시도였습니다. 이처럼 다방면에 걸친 업적 덕분에 케틀레는 '근대 통계학의 아버지'라고도 불립니다.

지금부터 케틀레가 평균값에 관심을 가지게 된 이유와 그 과정을 살펴보겠습니다.

벨기에 혁명이 촉발한 호기심

케틀레는 1796년, 당시에는 프랑스 통치하에 있었지만 지금은 벨기에의 도시인 겐트에서 9남매 중 다섯째로 태어났습니다. 시청 공무원으로 일하던 아버지는 케틀레가 일곱 살일 때 세상을 떠났기 때문에 케틀레는 집안의 생계를 위해 고등학교를 졸업하자마자 일을 시작했습니다. 19세의 나이로 여러 학교에서 수학을 가르치며 가족을 부양했다는 데서 일찍부터 드러난 그의 수학적 능력을 짐작할 수 있습니다. 이후 그는 겐트대학교에 입학하여 포물선과 타원 등의 원뿔곡선을 연구해 박사 학위를 받았고, 24세 때에는 브뤼셀의 왕립 과학아카데미 회원으로 뽑히는 영광도 얻었습니다.

그는 수학뿐만 아니라 천문학에도 큰 관심을 가지고 있어서 벨기에 정부에 천문대 설립을 제안하기도 했습니다. 당시 벨기에에는 천문대가 없었으므로 케틀레는 파리에서 천문학을 공부했는데, 이때 실험 오차를 해석하기 위해 정규분포 개념을 도입한 물리학자 피에르시몽 라플라스Pierre-Simon Laplace의 강의를 듣게 됩니다. 훗날 평균에 대한 이론에 관심을 가지고 사회를 분석할 때 사용하는 방법론인 확률론과 정규분포에 대한 지식을 천문학을 통해 배운 셈입니다. 케틀레는 파리 생활을 마친 뒤 후원자를 모아 벨기에 왕립 천문대를 설립하는 데 성공합니다. 이후 그는 벨기에 왕립 천문대에 거주하면서 천체를 관측한 결과를 분석할 때 라플라스에게서 배운 정규분포 개념을 활용하며 정규분포에 대한 이

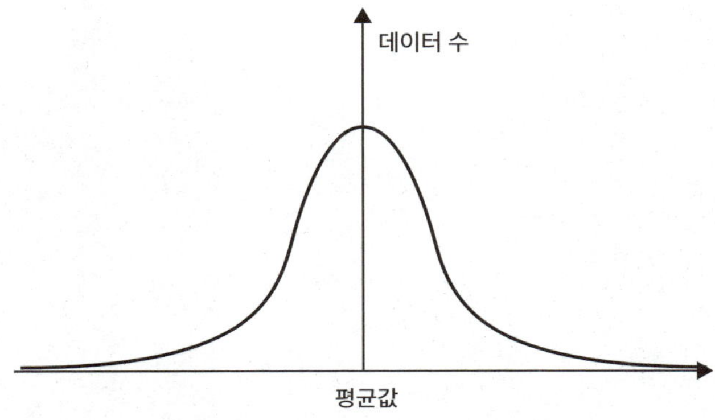

해를 키워나갑니다.

앞에서도 설명했듯, 정규분포란 수집한 데이터를 수치별로 정리했을 때 평균을 중심으로 종 모양을 보이는 분포를 말합니다. 평균값을 나타내는 중앙에 데이터가 가장 많이 모여 있고, 중앙에서 멀어질수록 데이터 수가 적어집니다. 대체로 키, 몸무게, 시험 점수처럼 다양한 데이터가 정규분포를 이룹니다.

다만 모든 데이터가 항상 정규분포를 따르는 것은 아닙니다. 뒤에서 더 자세히 살펴보겠지만 직장인 연봉 분포는 평균을 중심으로 흩어져 있지 않고, 일부 고연봉자가 전체 평균값을 높이는 양상을 보입니다. 즉, 데이터가 평균이 아니라 어느 한쪽으로 편향되어 있으면 정규분포를 따르지 않습니다.

케틀레는 브뤼셀 왕립 천문대에서 천문학을 연구하던 중 한 가지 전환점이 되는 사건을 마주합니다. 벨기에에서 혁명 운동이 일

▲〈1830년 9월 브뤼셀 시청 광장의 에피소드〉 나폴레옹 전쟁 이후 벨기에는 네덜란드 왕
국으로 편입되었으나, 네덜란드는 새로운 지역을 차별하면서 일방적인 통치를 일삼았고
이는 벨기에의 독립 혁명으로 이어졌다. 19세기 벨기에의 화가 구스타프 와페르스Gustaaf
Wappers의 그림.

어난 것입니다. 벨기에는 유럽에서도 비교적 최근에 탄생한 나라
로, 1830년 혁명이 일어나기 전까지는 주변 강대국의 통치를 받
던 지역에 불과했습니다. 그러나 19세기 초 발발한 나폴레옹 전쟁
이 모든 것을 바꾸어놓았습니다. 프랑스를 넘어 유럽을 제패하려
던 나폴레옹이 패배한 뒤 유럽의 강대국은 1815년 빈 회의를 열
어 유럽을 나폴레옹 이전의 상태로 되돌리는 작업에 착수합니다.
지금의 벨기에 지역은 이 과정에서 네덜란드 연합왕국에 편입되
었지만 네덜란드는 새롭게 얻은 지역을 착취하고 차별하는 정책
을 펼칩니다. 결국 네덜란드로부터 벗어나려는 열망이 강해지면
서 벨기에 혁명이 시작된 것입니다.

수학이 쉬워지는 최소한의 세계사

천문대에서 조용히 연구에만 몰두했던 케틀레도 혁명의 영향을 피해갈 수 없었습니다. 혁명군이 브뤼셀 왕립 천문대를 점거하면서 그가 연구하던 곳까지 밀고 들어왔기 때문입니다. 케틀레는 이 일을 계기로 천문학에서 더 나아가 인간이 어떤 동기와 계기로 행동하는지 관심을 가지게 됩니다.

수학으로 인간의 행동을 분석할 수 있을까

케틀레는 벨기에 혁명을 겪으며 '무엇이 혁명을 일으키게 하는가' 하는 주제에 관심을 가지기 시작했습니다. 그래서 인간의 행동을 분석하기 위해서 인구수나 범죄율과 같은 다양한 사회적 통계 데이터를 바탕으로 평균값을 구하는 접근법을 사용했지요. 천문학을 연구할 때 쓰던 방식을 사회 연구에 접목한 것입니다. 이렇게 케틀레는 '사회 물리학'이라는 새로운 분야를 개척하게 됩니다. 사회 물리학이란 범죄율, 자살률, 혼인율 같은 사회 현상을 물리학, 통계학적 관점에서 분석하고 그 아래 숨은 법칙을 찾는 학문입니다. 케틀레는 이러한 연구를 통해 사회 현상의 이면에 있는 인간의 개인의 감정 및 행동을 설명하고자 했습니다.

케틀레는 자신의 연구를 널리 알리기 위해 1835년에 『인간과 그 능력의 발달에 대하여: 사회 물리학적 시론』을 발표하는데, 이 책에서 처음으로 '평균인'이라는 개념이 등장합니다. 케틀레는 사회에서 일어나는 많은 현상을 정규분포로 나타내고 그 분포의 중심인 평균값에 해당하는 인간을 '평균인'이라고 불렀습니다. 다만

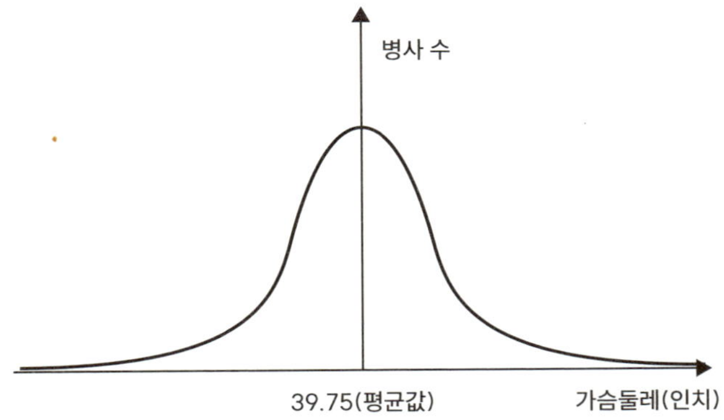

이때 케틀레가 사용한 '평균인'이라는 표현은 현대와 달리 이상적이며 사회의 중심이 되는 인물을 의미했습니다. '평균'이라는 말이 '평범'에 가까운 뉘앙스로 사용되는 지금과는 크게 다르지요. 실제로 그는 저서에서 평균인이라는 개념을 다음과 같이 설명합니다.

> 물체의 무게중심과 마찬가지로 평균인은 국가의 중심점이다.

천문학을 연구해오던 케틀레는 천체 관측 결과뿐만 아니라 인간 사회 역시 평균값과의 오차가 정규분포를 따른다는 점을 발견하고 이를 매우 흥미롭게 여겼습니다. 이때 케틀레가 연구한 두 가지 주요한 데이터를 살펴보겠습니다.

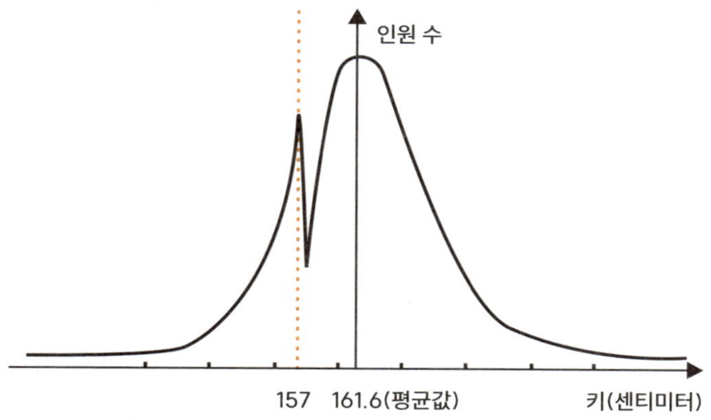

　첫 번째는 표 3-2의 스코틀랜드 병사들의 가슴둘레를 측정한 데이터입니다. 케틀레는 병사 5,732명의 가슴둘레 측정치를 정리하여 평균값인 약 39.75인치(약 101센티미터)를 중심으로 데이터가 정규분포를 이룬다는 사실을 발견했습니다. 다만 평균인에 대한 정의와 마찬가지로 이에 대한 케틀레의 분석은 오늘날과 조금 달랐습니다. 현대에 데이터를 분석하는 방식에 따르면 평균보다 가슴둘레가 큰 사람은 신체적으로 더 뛰어나다고 여겨졌을 것입니다. 그러나 케틀레는 가슴둘레가 39.75인치인 병사가 이상적이며, 그보다 가슴둘레가 큰 경우는 흉근을 지나치게 단련했거나 근육이 잘 붙는 체질을 타고나는 등 우연한 사건들이 조합된 결과라고 설명했습니다. 평균값을 '이상적인 값'이라고 생각했기 때문에 도출된 결론이지요.

　두 번째 데이터는 표 3-3의 프랑스군의 징병 신체 검사에서 키를 수집한 데이터였습니다. 그런데 이 데이터는 조금 특이한 데가 있습니다. 대체적으로 평균을 중심으로 정규분포를 이루지만, 일부 데이터가 튀는 영역이 존재했던 것입니다. 그래프를 보면 157센티미터 직전 구간에서는 인원 수가 급격히 늘고, 조금 넘는 구간에서는 급격히 줄어드는 양상을 볼 수 있습니다. 당시 프랑스에서는 157센티미터 이상인 남성을 징집했다는 점을 고려하여, 케틀레는 157센티미터보다 키가 조금 큰 젊은 남성들이 키를 속여 징병을 피하고 있다는 사실을 간파했습니다. 징병을 피하고자 하는 마음이 통계를 통해 증명된 최초의 예인 셈입니다.

또한 케틀레는 지금도 주요한 지표로 사용되는 체질량지수BMI를 정의하기도 했습니다. 몸무게(kg)를 키(m)의 제곱으로 나눈 값이기 때문에 신장과 체중만 알아도 간단하게 비만도를 측정할 수 있다는 장점이 있어서 세계보건기구WHO도 이 지표를 사용하고 있지요. 현대에는 비만도, 질병 위험등 건강 상태를 대략적으로 파악하기 위해 사용되지만, 케틀레가 이 지표를 고안한 이유는 이상적인 사람의 체형을 구하기 위함이었습니다. 다만 이렇게 구한 BMI는 정규분포를 따르지 않았기 때문에 정작 그의 연구에는 사용되지 못했습니다.

사회를 연구하는 수학이 시작되다

케틀레가 연구 결과를 발표한 이래로 사회 현상을 통계적으로 분석하려는 그의 시도에 많은 비판이 쏟아졌습니다. 그중 가장 큰

수학이 쉬워지는 최소한의 세계사

비판은 평균인이 실제로 존재하지 않는다는 점이었습니다. 평균인은 통계적인 개념이며 현실에 존재하지 않습니다. 특정 집단 사람들의 키에 관한 데이터를 빠짐없이 모아서 평균값을 구하면 소수점 아래로 숫자가 끝없이 이어지는 매우 정밀한 값이 나오는데, 실제로 키가 그 평균값과 완전히 일치하는 사람을 찾기는 불가능하기 때문입니다. 가까운 예로 시험의 평균 점수를 생각해볼 수 있습니다. 실제 시험에서 문항당 점수는 2점, 3점, 4점 단위로 매겨지므로 평균 점수가 62.5점이라면 평균값과 일치하는 점수를 받는 사람은 존재하지 않습니다. 실재하지 않는 사람이 이상적인 학생이라고 하기는 어려울 것입니다. 그러나 케틀레는 그런 사람이 실재하는 것처럼 여기고 평균인을 사회 분석의 기준으로 삼았기 때문에 연구 방법에 대한 비판에 직면할 수밖에 없었습니다.

두 번째 비판은 평균인의 개념이 현실에 존재하는 개인의 다양성을 무시한다는 점입니다. 실제 인간의 특성과 행동은 매우 복잡하고 다양하기 때문에 한 가지 평균만으로는 인간을 제대로 파악하기 어렵습니다. 심지어 케틀레는 평균인을 이상적인 인간이라고 여겼기 때문에, 평균에 미치지 못하는 사람뿐만 아니라 평균보다 더 뛰어난 사람도 기준에 미치지 못한다고 취급하는 문제가 있었습니다.

그러나 케틀레는 많은 비판을 받으면서도 평균에 대한 연구를 계속해나갔습니다. 이렇게 많은 비판이 쏟아졌다는 사실 자체가 케틀레의 사상이 얼마나 강력한 영향력을 지니고 있었는지에 대한 반증입니다. 케틀레는 1853년에 제1회 국제 통계 회의를 주최하여 통계학의 발전과 보급에 기여했으며, 그의 영향을 받은 인물 중에는 '백의의 천사'라고 불리는 나이팅게일도 있었습니다. 이처럼 케틀레가 열정적으로 학문 활동을 이어간 덕분에 사회를 수학적으로 연구하는 근대적인 통계학이 성립될 수 있었습니다.

- 케틀레는 사회 연구에 수학적 방식을 도입한 최초의 수학자로, 근대 통계학이 만들어지는 데 크게 기여했다.

- 케틀레는 인간의 행동과 특성, 사회 현상과 관련된 데이터에서 평균을 구하여 이상적인 인간의 기준으로 삼았다.

- 데이터가 평균을 중심으로 종 모양을 그리며 분포되어 있을 때 정규분포를 따르는 데이터라고 한다. 다만 모든 데이터가 정규분포를 따르는 것은 아니다.

수학이 쉬워지는 최소한의 세계사

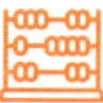

데이터로
사람을 구한 간호사

나이팅게일의 그래프

나이팅게일에게 통계학은 단순한 연구를 넘어서 종교와 같았다.
그는 통계를 이용해야 모든 일을 올바르게 관리할 수 있다고
여겼으며, 평생에 걸쳐 그 신념을 실천했다.

— 프랜시스 골턴, 영국의 인류학자

오늘날에는 뉴스나 기사에서 복잡한 수치를 한눈에 쉽게 볼 수 있게 정리한 그래프를 쉽게 찾아볼 수 있습니다. 막대의 길이로 수의 크고 작음을 표현하는 막대그래프나 원 도형을 이용해 전체 데이터에서 특정 부분이 차지하는 비율을 나타내는 원그래프가 대표적입니다.

이러한 그래프가 실제로 어떻게 사용되는지 일본 내 사망자 수의 변화 추이를 예로 들어 살펴보겠습니다. 일본의 사망자 수는 2002년에 98만 2,371명이었고, 그로부터 20년이 지난 2022년에는 156만 8,961명으로 늘었습니다. 한 해 사망자 수가 약 60만 명 늘어난 셈인데, 주로 사회의 고령화에 따른 변화일 것으로 여겨집

니다. 두 해 모두 사망 원인 1위는 암이었지만 전체 사망자 수가 큰 폭으로 늘어난 것과 마찬가지로 암으로 인한 사망자 수에도 변화가 있었습니다. 암에 의한 사망자 수는 2002년에 30만 4,286명이었던 데 비해 2022년은 38만 5,787명이었지요. 그렇다면 전체

표 3-4 일본의 사망 원인

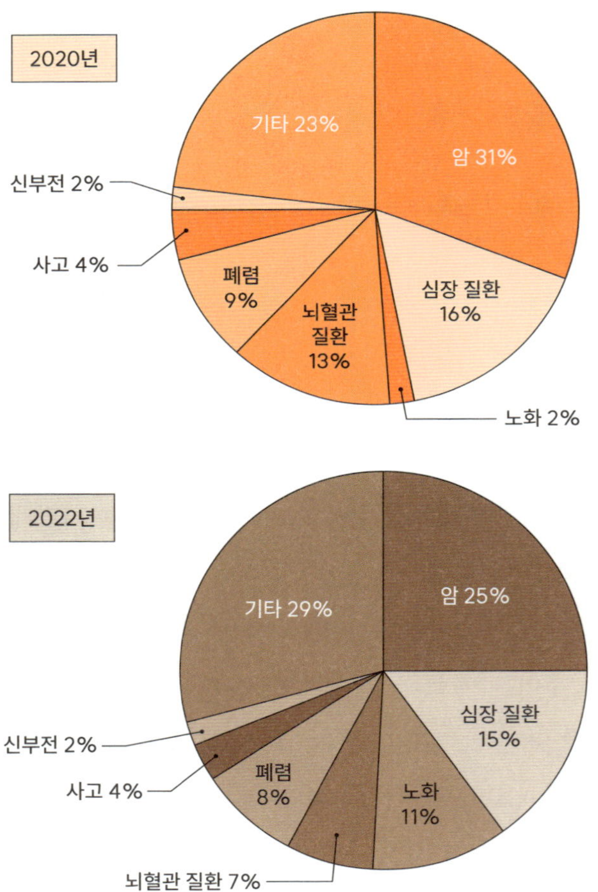

수학이 쉬워지는 최소한의 세계사

적으로 암으로 인한 사망이 늘었다고 볼 수 있을까요?

단순히 사망자 수치만 보아서는 이러한 질문에 답하기 어렵습니다. 20년 사이 전체 사망자 수가 약 1.5배나 증가했기 때문에 전체 사망 원인 중 암에 의한 사망의 비중이 늘었는지 줄었는지를 파악하기 힘들기 때문입니다. 정확한 값을 구하고 싶다면 전체 사망자 수에서 암으로 인한 사망자가 차지하는 비율을 계산해보아야 합니다. 실제로 두 해의 사망 원인을 계산하여 원그래프로 그려보면 암으로 사망한 사람의 수는 2022년에 더 많지만, 전체 사망자 중에서 차지하는 비율은 오히려 줄어들었다는 사실을 알 수 있습니다.

▲ **플로렌스 나이팅게일** 나이팅게일은 크림 전쟁 종전 후 영국 왕립통계학회의 첫 여성 회원으로 선출되었다.

이처럼 복잡한 데이터를 그래프로 정리하면 변화를 한눈에 파악할 수 있어서 그 주제에 대해 잘 알지 못하는 사람에게도 정보를 쉽게 전달할 수 있습니다. 19세기에 이러한 통계 그래프를 이용해 정부를 설득하여 사회 제도를 바꾼 수학자가 이미 존재했는데, 바로 종군 간호사 플로렌스 나이팅게일Florence Nightingale입니다. 나이팅게일이라고 하면 흔히 '백의의 천사'라는 별명과 함께 고통받는 병사들을 간호하는 모습을 떠올리지만, 실제로 나이팅게일이 병사들을 치유한 주요한 수단은 의학이 아닌 수학이었습니다.

간호사를 꿈꾼 수학자

나이팅게일은 1820년에 이탈리아 피렌체에서 태어났습니다. 영국인이었던 부모가 여행을 하던 도중에 낳은 딸이었기 때문에 태어난 도시의 이름을 따서 피렌체의 영어식 이름인 '플로렌스'라는 이름이 붙었습니다. 나이팅게일은 어릴 적부터 다리가 부러진 개를 돌보고 병원에서 봉사활동을 하면서 간호사가 되기를 꿈꾸었지만, 당시 사람을 돌보는 일은 하인이나 하는 일이라고 여겨졌기 때문에 어머니와 언니의 반대에 부딪혔습니다. 하지만 나이팅게일은 꿈을 포기하지 않고 몰래 아버지의 지원을 받으면서 간호 공부와 병원 방문을 계속했습니다.

나이팅게일은 또한 수학에도 흥미를 보여서 훗날 저명한 수학자가 되는 제임스 조지프 실베스터James Joseph Sylvester에게 개인 지도를 받았습니다. 이렇게 수학을 공부하던 중에 당시로서는 신생 학문이었던 통계학을 접하고 벨기에의 수학자 케틀레의 연구에 심취하여 그의 저작을 읽고 직접 학회에 참석하는 등 통계학을 깊이 공부했습니다.

나이팅게일이 이름을 알린 계기는 19세기 중반에 발발한 크림 전쟁(1853~1856)입니다. 오스만 제국과 러시아 사이에서 발생한 종교적 분쟁에 러시아를 견제하려는 영국이 참전한 것입니다. 그러나 크림 반도의 추위와 흑해의 변덕스러운 날씨 때문에 참전 초기부터 영국 병사들의 사기는 바닥을 쳤습니다. 영국이 참전하자 러시아는 처음 점령했던 지역에서 물러났지만 전쟁은 거기에서

수학이 쉬워지는 최소한의 세계사

▲**19세기 흑해 주변 지도** 현재 우크라이나의 영토에 속한 크림 반도는 유럽, 중동, 러시아가 교차하는 흑해의 한가운데 자리하고 있어 흑해의 제해권을 장악하는 군사 요충지로 여겨진다.

끝나지 않았습니다. 결국 계속된 전투 중에 러시아의 기습과 교란 작전으로 부상을 입은 병사들은 현재의 이스탄불에 해당하는 콘스탄티노폴리스 교외의 위스퀴다르로 옮겨졌습니다.

나이팅게일은 전쟁이 발발한 이듬해인 1854년에 38명의 간호사와 함께 위스퀴다르의 야전 병원으로 파견되었습니다. 처음 나이팅게일의 눈에 비친 야전 병원은 그야말로 죽음을 기다리는 대기실이었습니다. 병원은 부상병으로 넘쳐났고 의약품과 식량은 턱없이 부족했습니다. 그뿐 아니라 비위생적인 환경 때문에 감염증이 퍼져 있었습니다.

나이팅게일은 곧바로 야전 병원의 높은 사망률이 전투로 인한 부상이 아니라 비위생적인 환경 때문이라는 사실을 알아차리고 병원의 위생 상태를 개선하는 작업에 착수했습니다. 또한 주먹구구식으로 운영되던 병원의 체계를 바로잡고 간호사들의 업무를 정리했습니다. 병자를 치료한 것뿐만 아니라 체계를 다잡는 보건 행정가로서의 면모를 엿볼 수 있는 일화입니다.

나이팅게일은 환경을 정비하면서 병원 내 사망률을 세밀하게 기록했는데, 이에 따르면 나이팅게일이 도착했을 때만 해도 60퍼센트 이상이던 사망률이 반년 뒤 2퍼센트까지 내려갔습니다. 이러한 획기적인 변화와 더불어 밤마다 램프를 들고 병동을 순회하는 나이팅게일의 모습을 영국의 일간지 《타임즈》가 '등불을 든 귀

수학이 쉬워지는 최소한의 세계사

부인'이라고 표현하면서 이 별칭이 널리 퍼졌습니다.

나이팅게일의 활약상을 알게 된 영국 정부는 그의 권한을 전쟁 구역의 모든 병원으로 확대했고, 크림 전쟁이 종반에 접어들 무렵에는 나이팅게일이 고안한 방식을 병원의 공식 절차로 도입했습니다. 전쟁이 종식되자 나이팅게일은 영국군을 구한 영웅으로 환영받았지만, 나이팅게일은 그에 만족하지 않았습니다. 조국으로 돌아온 나이팅게일은 병영과 병원의 데이터를 수집하고 군대와 병원의 열악한 환경을 바꾸기 위해 본격적으로 움직이기 시작합니다.

숫자에 어두운 사람도 단번에 이해시키는 방법

나이팅게일은 크림 전쟁의 사망률을 수치로 정리했지만, 정부에서 일하는 행정가들은 숫자에 어두웠기 때문에 아무리 정확한 데이터를 들이밀어도 공감을 얻을 수 없었습니다. 게다가 정부의 행정가들은 야전 병원의 열악한 환경을 제대로 경험한 적이 없기 때문에 문제의 심각성을 제대로 인지하지 못하고 있었습니다. 하지만 행정가들을 설득하지 못하면 전쟁터나 병원의 환경을 개선할 수 없었기 때문에, 나이팅게일은 그들을 설득할 방법을 찾기 위해 고심했습니다. 다행히 나이팅게일은 이 싸움에 필요한 무기를 이미 가지고 있었습니다. 바로 어릴 때부터 배웠던 통계학입니다. 나이팅게일은 크림 전쟁 당시 야전 병원 내 병사들의 사망 원인을 정리한 데이터를 그림으로 그려냈습니다.

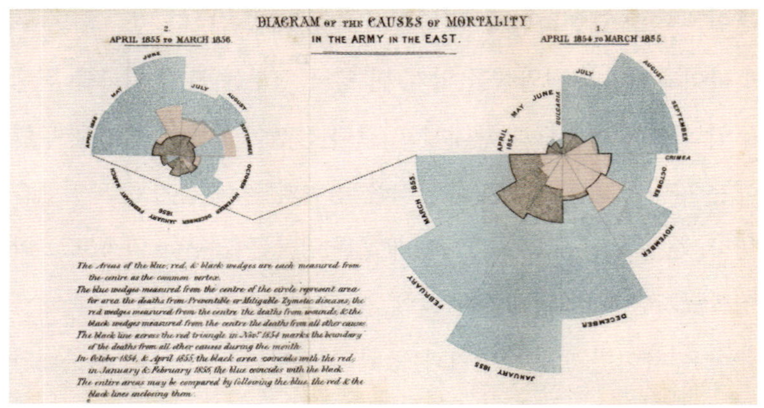

▲ 나이팅게일의 장미 그래프 나이팅게일은 원그래프를 12개 부채꼴로 나누어 한 달의 데이터를 정리했다. 부채꼴 영역의 반지름 길이가 데이터의 크기를 의미하는데, 반지름과 호를 이용해 각 부분을 면적으로 나타내어 색을 입힘으로써 직관적으로 데이터의 크기를 비교할 수 있도록 했다.

이때 나이팅게일이 그린 그래프는 장미꽃처럼 보여서 '장미 그래프rose diagram'라고 불립니다. 19세기 최고의 통계 그래프로 손꼽히는 이 그래프는 복잡한 숫자를 읽지 않아도 병사들의 주요한 사망 원인을 한눈에 파악할 수 있도록 만들어졌습니다. 오른쪽은 1854년 4월부터 1855년 3월까지, 왼쪽은 1855년 4월부터 1856년 3월까지의 데이터를 정리한 것이며, 각 그래프에서 하늘색은 감염증에 의한 사망자 수, 안쪽의 분홍색은 외상에 의한 사망자 수, 가장 진한 회색은 그 밖의 다른 원인에 의한 사망자 수를 나타냅니다. 나이팅게일이 부임한 당시를 나타내는 오른쪽 그래프를 보면 부채 모양이 크고 하늘색 부분이 차지하는 비율이 높다는 점에서 사망자 수가 많고 대부분이 감염증에 의한 것임을 한눈에 알

수학이 쉬워지는 최소한의 세계사

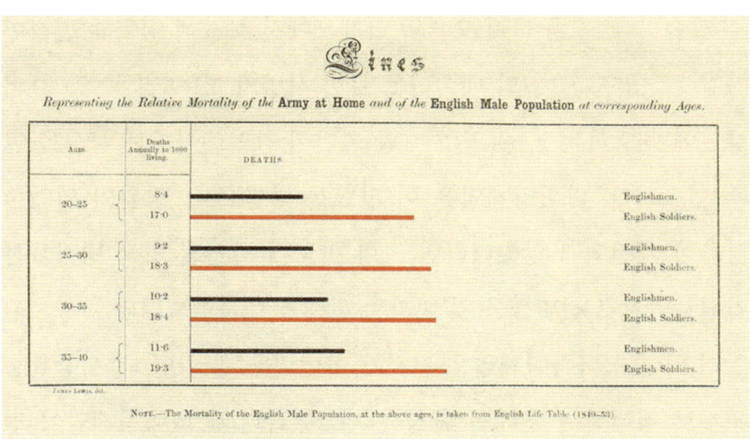

▲막대그래프를 통한 영국 육군과 일반 남성의 사망률 비교 그래프에서 막대는 1,000명당 사망률을 의미한다. 검정색 막대는 일반 남성, 붉은색 막대는 영국 육군의 사망률을 나타낸 것이다.

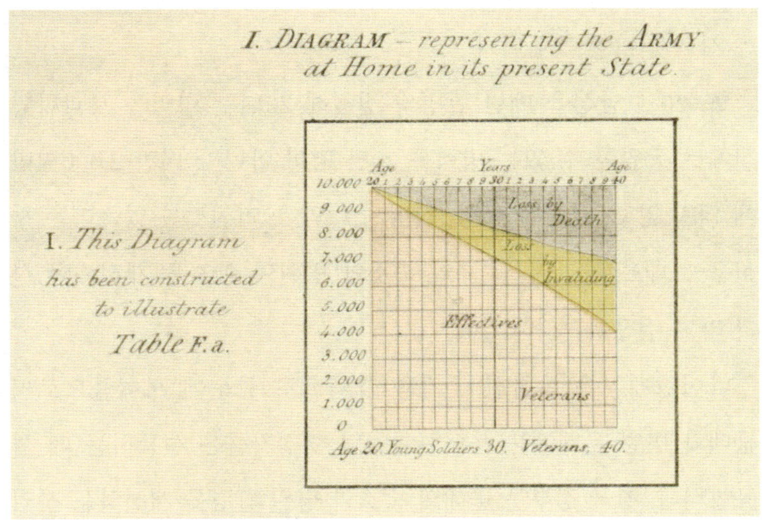

▲징집한 남성의 생존율 그래프 상단의 검정색 영역은 사망으로 인한 병력 손실, 노란색 영역은 부상 및 질병에 의한 손실을 나타낸다. 붉은색으로 표시한 영역이 실제 동원할 수 있는 병력의 수를 나타낸다.

수 있습니다. 예를 들어 오른쪽 그래프에서 하늘색 영역의 면적이 가장 큰 1855년 1월의 데이터를 보면 사망자 3,168명 중 약 87퍼센트에 해당하는 2,761명의 사망 원인이 감염증이라는 사실을 알 수 있습니다. 나이팅게일은 이 자료를 바탕으로 '병원의 열악한 상황이 개선되지 않았더라면 크림 반도에 파견된 영국 병사들은 감염증만으로 전멸했을 것'이라는 견해를 덧붙였습니다.

더 나아가 나이팅게일은 전시가 아닌 평시의 병영 내 사망률도 통계로 정리하여 군대의 환경을 분석했습니다. 나이팅게일이 정리한 데이터에 따르면 군대에서 생활하는 병사들은 같은 연령의 일반 남성보다 사망률이 두 배 가까이 높았습니다. 이 사실을 막대 그래프로 정리해서 병사들이 복무 중인 생활 환경이 열악하다는 사실을 밝힌 것입니다.

또, 20세 남성을 매년 만명씩 징집해 20년간 병역을 부과하면 실제로 동원할 수 있는 병력은 20만 명이 아니라 14만 2,000명밖에 되지 않고, 사망과 부상, 질병으로 약 29퍼센트를 잃는다는 사실을 그래프로 그려서 '군의 숙소와 병원의 환경을 개선해야 한다'라고 주장했습니다.

나이팅게일은 복잡한 숫자를 그림으로 한눈에 보여줌으로써 군대와 병원 문제에는 문외한이었던 행정가들은 설득하는 데 성공합니다. 영국 정부는 군대의 숙소와 병원 환경을 개선하는 작업에 착수했으며 의료 통계 작업에도 힘쓰기 시작했습니다. 나이팅게일은 이러한 업적으로 1859년에 영국 왕립 통계 학회의 첫 여성 회원으로 선출됩니다.

"통계를 알면 신의 생각을 짐작할 수 있다"

나이팅게일의 업적은 실로 대단했지만, 통계학적 측면에서 그가 데이터를 정리한 방식에는 비판이 뒤따르기도 했습니다. 예를 들어, 크림 전쟁의 극적인 사망률 변화는 단순히 위생 상태가 개선된 것뿐만 아니라 여러 가지 요인이 복합적으로 얽혀 있었습니다. 이 시기에 혹독한 겨울에서 따뜻한 봄으로 계절이 바뀌었으며, 감염증을 옮기는 모기의 개체 수가 감소하는 등 다른 원인도 함께 작용했기 때문입니다. 나이팅게일은 여러 비판을 겸허히 수용하는 동시에 이러한 오류를 피하기 위해서라도 통계학이 더욱 발전해야 한다고 주장했습니다. 통계학에 대한 나이팅게일의 믿음은 매우 강력해서, 지인에게 보낸 편지에 다음과 같은 발언을 남기기도 했습니다.

신의 생각을 이해하려면 통계학을 배워야 합니다. 왜냐하면 통계학이야말로 신의 목적을 재는 척도이기 때문입니다.

나이팅게일은 1910년에 세상을 떠났지만 그가 남긴 정신은 계속해서 이어졌습니다. 현대 통계학의 기틀을 다졌다고 평가받는 인류학자 프랜시스 골턴Francis Galton과 수리통계학을 정립한 생물

통계학자인 칼 피어슨Karl Pearson, 유전학자이자 통계학자였던 로널드 피셔Ronald Aylmer Fisher가 모두 영국인이라는 사실만 보아도 그 사실을 잘 알 수 있습니다.

- '백의의 천사', '등불을 든 귀부인'과 같은 별명으로 불리는 플로렌스 나이팅게일의 진정한 무기는 의학이 아니라 수학이었다.

- 나이팅게일은 통계 그래픽의 선구자로, 복잡한 수치와 비율 변화를 한눈에 파악할 수 있는 그래프를 통해 숫자에 익숙하지 않은 사람들을 설득해냈다.

- 나이팅게일은 통계학을 통해 세상의 법칙을 이해할 수 있다고 믿었다.

수학이 쉬워지는 최소한의 세계사

사회는 소수의 엘리트가 지배한다

파레토의 법칙

각 개인의 능력치를 나타내는 점수를 부여할 때,
각 분야에서 가장 높은 점수를 받은 사람들로 하나의 계층을
형성할 수 있다. 이들을 '엘리트'라고 부르자.

— 빌프레도 파레토,『일반사회학 강의』中

2023년 일본인의 연봉 평균은 524만 엔(약 4,870만 원), 중앙값은 405만 엔(약 3,764만 원)이었습니다. 평균값은 우리가 잘 알고 있는 것처럼 전체 값을 모두 더한 다음 데이터의 수로 나눈 것입니다. 중앙값이란 데이터를 크기순으로 나열했을 때 정중앙에 위치한 값을 의미합니다. 평균을 구하는 방법을 생각해보면 평균값과 중앙값이 비슷해야 할 것 같은데, 어떤 데이터들은 평균값과 중앙값의 차이가 큽니다. 이러한 현상은 개별 데이터들이 정규분포처럼 평균을 중심으로 대칭적으로 분포되어 있지 않을 때 나타납니다. 예를 들어서 연봉 데이터를 구간별로 정리하면 표 3-5처럼 왼쪽으로 치우친 형태를 띠는 양상을 볼 수 있습니다.

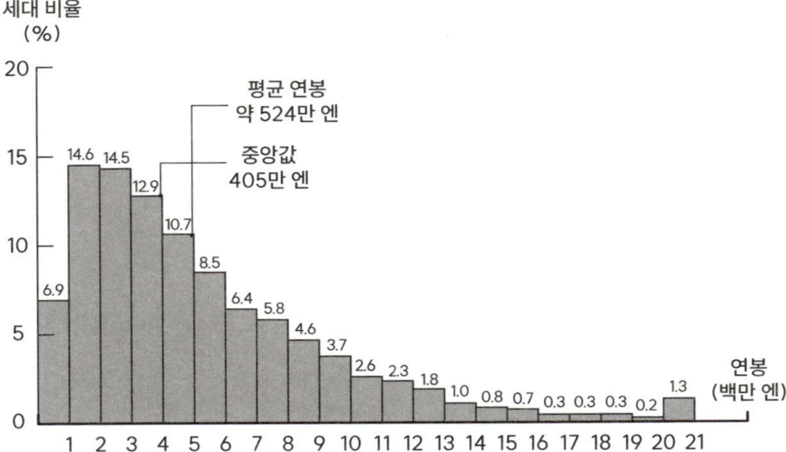

전체 데이터를 보면 연봉이 평균 이상인 사람은 전체의 40퍼센트도 되지 않는다는 사실을 알 수 있습니다. 다시 말해서 소수의 고소득자가 평균값을 올리고 있는 것입니다.

100년도 더 전에 이와 비슷한 데이터를 연구한 이탈리아의 경제학자가 있었습니다. 바로 빌프레도 파레토Vilfredo Pareto입니다. 그는 1880년대 유럽의 경제 통계를 분석해서 소득액과 세대수 사이의 관련성을 찾아내고 '파레토 법칙'을 도출했습니다. '80 대 20의 법칙'이라고 불리기도 하는 파레토의 법칙은 전체 결과의 80퍼센트가 전체 원인의 20퍼센트에서 일어나는 현상을 의미합니다. 앞서 살펴본 연봉 그래프와 비교하면 이 수치가 딱 맞아떨어지지는 않지만 소수의 원인 때문에 결과가 달라진다는 점에서는 대동소

수학이 쉬워지는 최소한의 세계사

이합니다.

　파레토는 어떻게 이러한 법칙을 발견하기에 이르렀을까요? 지금부터 파레토의 생애를 살펴보면서 파레토 법칙이 탄생한 배경을 알아보겠습니다.

수학자가 사회에 관심을 가질 수밖에 없었던 이유

　파레토가 태어난 1848년은 유럽에서 '민중의 봄'이라고 불릴 정도로 광범위한 혁명이 일어난 해였습니다. 프랑스 혁명에서 시작된 자유주의와 민주주의의 불씨가 전 유럽으로 들불처럼 번져가면서 군주제를 타파하고 새로운 사상을 받아들이려는 열망이 강렬한 시기였습니다. 파레토의 아버지는 이탈리아 제노바 출신의 귀족이자 토목 엔지니어였는데, 공화주의, 자유주의적 정치사상으로 인해 이탈리아에서 추방되어 당대 혁명의 중심지였던 프랑스로 망명해 있던 중에 빌프레도 파레토를 낳았습니다.

　파레토는 어린 시절에는 파리에서 학교를 다녔지만, 그가 열 살 때 아버지가 복권되어 가족 모두가 이탈리아로 이주하면서 토리노에서 수학과 물리학을 공부했습니다. 1870년에 발표한 졸업 논문에서는 고체 탄

▲ **빌프레도 파레토** 파레토는 사회학, 토목공학, 경제학, 정치학, 철학 등 다양한 분야에 관심을 보인 수학자였다.

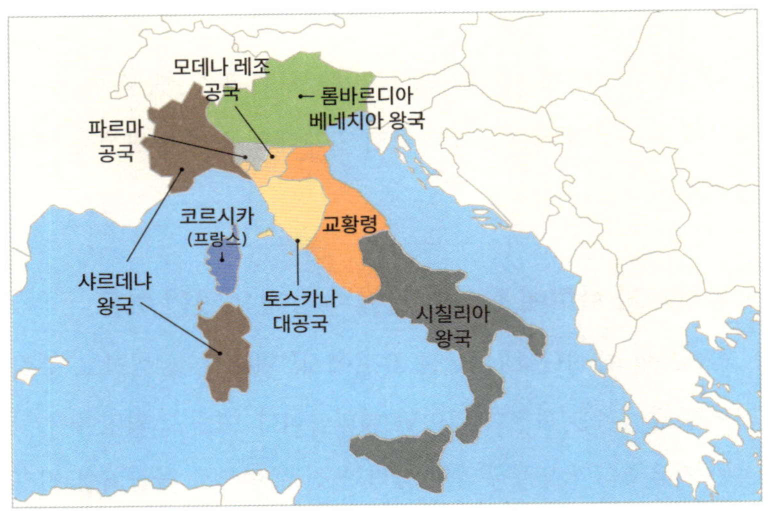

▲**1859년의 이탈리아반도** 19세기 중반까지 이탈리아반도는 여러 나라로 분리되어 있었다. 이를 단일 국가인 이탈리아 왕국으로 통일하려는 리소르지멘토il Risorgimento 운동이 일어나면서 1871년 이탈리아 통일이 완성된다.

성의 평형 상태를 미적분을 이용한 수식으로 정리했는데, 이처럼 어떤 힘이 균형을 이루는 상태를 수식으로 나타내려는 시도는 이후 경제학, 사회학의 균형 이론 연구로 이어지게 됩니다.

파레토의 복잡한 유년기에서 짐작할 수 있듯 당대 이탈리아의 정세는 매우 혼란스러웠습니다. 이탈리아는 로마 시대 이후로 대부분의 기간 동안 여러 공화국과 왕국으로 분리되어 있었고, 전성기라 할 만한 르네상스 시대에도 하나의 통일 국가가 아니라 밀라노, 피렌체, 베네치아 등 작은 도시국가로 나뉘어 있었습니다. 지금처럼 이탈리아반도를 전체를 아우르는 국가가 등장한 것은 파레토가 활동했던 19세기의 일이었습니다. 1870년 로마 인근의 교

수학이 쉬워지는 최소한의 세계사

▲**로잔대학교** 로잔은 스위스에서 네 번째로 큰 도시로, 스위스 연방 대법원이 위치한 곳이기도 하다. 1537년에 설립되어 스위스에서 두 번째로 오래된 대학교로 손꼽힌다.

황령이 병합되면서 이탈리아 통일이 완성되었으니, 통일이 한창이던 시기에 청년기를 보낸 파레토는 직간접적으로 정치와 사회에 관심을 가질 수밖에 없었을 것입니다.

파레토는 대학을 졸업한 직후에는 전공을 살려 수학과 물리학을 활용하는 토목 엔지니어로 일했습니다. 그러나 점차 사회로 관심을 돌려 피렌체대학교에서 경제학, 경영학 강사로 일하다가 40대에 이르러 스위스 로잔대학교의 정치경제학 교수로 임용됩니다. 그는 이곳에서 학생들을 가르치는 한편 자신의 경제 이론을 발전시키고 체계화하는 데 힘썼습니다. 그는 경제학과 사회학을 공부하면서 과거에 아버지가 신봉하던 자유주의적 사상으로는 사회의 혼란을 잠재우기 어렵다는 결론에 이르렀습니다. 자연히 자유주의적 정치 시스템에 대한 비판적인 시선이 점점 커져갔지요.

그 무렵 훗날 이탈리아를 크게 움직이는 인물이 파레토의 강의를 듣게 됩니다. 이탈리아의 파시즘을 창시하고 독재 정치를 펼치며 제2차 세계대전을 일으킨 베니토 무솔리니Benito Mussolini입니다. 당시 징병을 피해 스위스로 망명했던 무솔리니는 로잔대학교에서 파레토의 강의를 청강하며 같은 이탈리아 출신인 파레토의 사상과 이론에 깊은 감명을 받았다고 전해집니다.

완두콩에서 사회의 법칙을 읽어내다

파레토가 처음 아이디어를 떠올린 계기는 뜻밖에도 완두콩이었습니다. 그는 완두콩을 길러서 수확하다가 흥미로운 사실을 알아차립니다. 수확한 완두콩의 80퍼센트가 20퍼센트의 꼬투리에서 나왔다는 사실을 발견한 것입니다. 또한 이탈리아의 토지 소유 데이터를 살펴보다가 국토의 80퍼센트를 인구의 20퍼센트가 소유하고 있다는 사실을 찾아냈습니다. 이러한 관찰을 법칙으로 그는 '결과의 80퍼센트는 20퍼센트의 원인에 의해 일어난다'는 경향성, 즉 파레토 법칙을 주장했습니다. 참고로 이 법칙의 이름은 파레토가 직접 명명한 것이 아니라 미국의 공학자이자 경영 컨설턴트인 조셉 주란Joseph Juran이 1941년에 기업의 상품 품질 관리법을 설명하면서 붙인 것입니다. 조셉 주란은 '80퍼센트의 불량이

수학이 쉬워지는 최소한의 세계사

20퍼센트의 원인에서 나온다'라고 주장하면서 파레토의 연구를 근거로 들었고 여기에 파레토의 법칙이라는 이름을 붙였습니다. 이 이야기가 유명해지면서 모두가 '파레토의 법칙'이라고 부르게 된 것입니다.

파레토는 자신의 주장을 뒷받침하기 위해 여러 가지 데이터를 추가로 분석했는데, 그중에는 이탈리아와 스위스를 비롯한 유럽 여러 국가의 소득 자료도 포함되어 있었습니다. 그는 국가의 세무 데이터를 활용하여 1880년대의 소득 분포를 연구하면서 소득이 x 이상인 세대수 y를 구하는 식을 도출해냈습니다. 특정 사회 안에서 사람들의 일반적인 부의 분포를 설명하는 모델인데, 이를 파레토 분포식이라고 부릅니다.

$$y = \frac{H}{x^a}$$

여기서 H와 a는 조건에 따라 정해지는 상수입니다. 공식만 보면 다소 난해하게 느껴지지만 그래프를 그려서 비교해보면 이 식의 의미를 파악할 수 있습니다.

먼저 $H=6$, $a=1$인 그래프(실선)를 기준으로 H의 값을 바꾸어 보겠습니다. 표 3-6에서 H값이 각각 3, 6, 12인 세 그래프를 비교해보면 H값이 커질수록 같은 소득(x)을 얻는 세대수(y)가 늘어난다는 사실을 알 수 있습니다. 즉, H는 조사 대상의 규모와 전체 소득 수준을 의미하는 수치입니다. H가 클수록 조사 대상이 많고

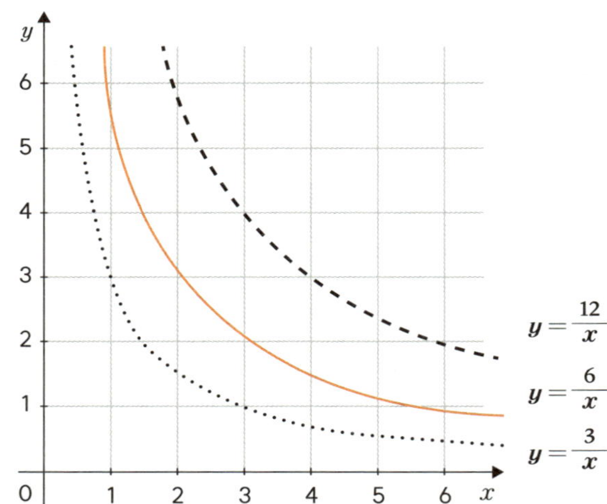

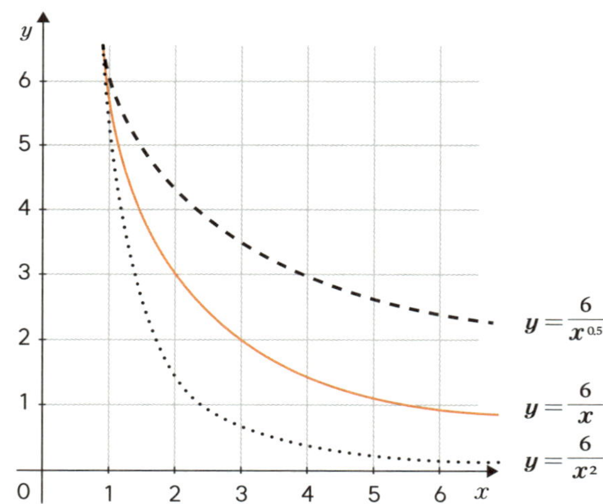

수학이 쉬워지는 최소한의 세계사

전체 소득 수준이 높다는 뜻입니다.

그렇다면 a는 무엇을 의미할까요? 표 3-7을 통해 a의 값을 바꾸면 그래프가 어떻게 변화하는지 살펴보겠습니다. $a=1$인 그래프를 기준으로 a의 값이 각각 0.5, 2인 그래프를 그려보면 H값을 바꿀 때와는 다른 변화가 나타납니다. a가 클수록 소득의 분포가 왼쪽으로 치우쳐 있고, a가 작을수록 소득의 분포가 상대적으로 고르게 퍼져 있다는 사실을 알 수 있습니다. 즉, a가 작을수록 소득 격차가 작다는 뜻이지요. 정리하면 a는 소득 격차를 의미하는 수치입니다.

이 공식에서 파레토는 소득 격차를 나타내는 a의 값에 주목했습니다. 파레토가 연구 중에 조사한 약 10년간의 통계 데이터에서 도출한 a의 최솟값은 1887년 스위스 바젤의 1.24였고, 최댓값은 1881년 프로이센의 1.73이었습니다. 이러한 계산을 참고로 파레토는 a의 값이 대략 1.24~1.73 사이라고 보고, 앞서 소개한 파레토 분포식을 사용하면 시대와 장소에 관계없이 사회의 소득 분포를 비교할 수 있다고 결론지었습니다. 소득 격차가 완전히 해소되지는 않지만 극도로 악화되지도 않는 일종의 균형 상태가 존재한다는 사실을 데이터를 이용해 증명한 것입니다. 그리고 80대 20까지는 아니더라도 전체 소득의 대부분을 소수의 고소득층이 차지하고 있다는 사실까지도 증명해냈습니다.

파레토는 이 발견을 근거로 사회는 소수의 엘리트에 의해 지배된다는 엘리트 이론을 주장했습니다. 본래 라틴어에서 '선택하다'

라는 의미를 지닌 엘리게레eligere에서 나온 엘리트elite라는 표현은 대중mass과 대립하는 단어로, 사회에서 정책을 결정하고 조직하는 소수의 인물을 가리킵니다. 그는 소수의 엘리트가 중요한 의사결정을 내리고 대다수의 비엘리트를 지배하는 것이 자연히 발생하는 사회 현상이라는 이론을 펼쳤습니다. 동시에 아무리 자유주의가 이성적인 시민의 정치 참여가 중요하다고 주장해도 결국은 일부 엘리트가 과거의 지배층을 대신해 권력을 쥘 뿐이라는 사회의 본질을 들추어냈습니다. 엘리트가 운이나 우연에 의해 등장하는 것이 아니라 사회구조적으로 나타날 수밖에 없다는 사실을 지적한 것입니다. 지금처럼 엘리트라는 용어가 대중적으로 사용되기 시작한 것도 그가 주장한 엘리트 이론의 영향입니다.

실제로 파레토는 혼란스러운 이탈리아의 정치 시스템을 비판하면서 이상적인 정책을 실현하려면 강력한 힘을 지닌 지도자가 필요하다고 생각했습니다. 장차 강력한 독재자로 성장하는 무솔리니가 두각을 드러내기 시작한 것도 이 무렵의 일입니다.

독재자의 사상적 스승이 되다

무솔리니가 권력을 잡고 성장한 배경을 이해하기 위해서는 당시 이탈리아의 정세를 자세히 살펴볼 필요가 있습니다. 제1차 세계대전 초기에 이탈리아는 중립을 유지했지만, 오스트리아가 다스리던 티롤, 트리에스테 등 이탈리아 북부 지역을 할양받는 조건으로 뒤늦게 연합국으로 참전합니다. 그러나 많은 희생을 치르고

수학이 쉬워지는 최소한의 세계사

오스트리아와의 전쟁에서 승리했음에도 정작 약속받았던 영토 대부분을 돌려받지 못했을뿐더러 전쟁으로 인한 막대한 손실까지 고스란히 부담해야 했습니다. 결국 이탈리아 내부에서 함께 싸운 연합국에 대해서도 불만이 높아지면서 파시즘이 대두하는 계기가 됩니다.

▲ **베니토 무솔리니** 무솔리니는 1922년 사조직인 검은 셔츠단을 이끌고 로마로 진군하여 무혈 쿠데타에 성공하고 이탈리아의 총리가 되었다.

　파시즘은 독재자에 의한 강력한 중앙집권적 정치가 이루어지면서 개인보다는 국가나 민족의 이익을 우선시합니다. 또한 자신이 속한 사회가 가장 뛰어나다고 여기고 다른 나라나 민족을 배척하는 모습을 보입니다. 자연히 다른 나라를 침략하는 정책도 서슴지 않지요. 이탈리아 파시즘의 창시자인 무솔리니는 이 사상을 만들 때 파레토의 엘리트 이론을 참고했습니다. 실제로 1922년에 무솔리니가 로마를 점거하고 이탈리아 총리의 자리에 올랐을 때, 파레토는 "내가 말한 대로다"라고 읊조렸다고 합니다. 무솔리니의 개혁을 긍정적으로 받아들인 것입니다. 파레토는 무솔리니 정권 수립 직후인 1923년에 세상을 떠났기 때문에 본격적인 파시즘 체제를 경험하지 못했지만, 쿠데타로 집권한 무솔리니와 파시즘에 대한 그의 태도에는 비판의 여지가 있습니다. 파레토를 비판하는 이들은 그가 주장한 엘리트 이론이 파시즘의 강력한 무기로 사용되었으며, 무솔리니가 집권 후 파레토를 이탈리아 상원의원으로 임명하고 극진히 대접했다는 점을 지적합니다. 그러나 무솔리니가 언론의 자유를 탄압하고 독재 정치를 펼치려 하자 파레토가 이를 공개적으로 비판했던 일화를 들어 파레토를 중립적으로 바라보는 시각도 있습니다. 파레토의 진의가 어느 쪽이었는지는 미지수이지만, 수학을 이용하여 사회를 분석하고자 했던 인물이었던 것만은 분명합니다.

 **역사를 바꾼 결정적 수학**

- 파레토는 이탈리아의 토지 소유 데이터, 유럽의 세대별 소득 데이터 등을 바탕으로 20퍼센트의 원인이 전체 결과의 80퍼센트를 좌우한다는 파레토의 법칙을 도출해냈다.

- 파레토는 어떤 제도 아래서든 소수의 엘리트가 대중을 이끄는 것이 자연스러운 현상이라는 엘리트 이론을 주장했다.

수학이 쉬워지는 최소한의 세계사

수적으로 불리할 때
승리를 이끌어내는 법

란체스터의 법칙

> 결정적인 지점에 가능한 한 많은 군대를 집중시켜라.
> 이것이 승리의 첫 번째 법칙이다.
>
> ― 카를 폰 클라우제비츠, 『전쟁론』 中

1789년에 일어난 프랑스 혁명은 역사적으로 절대왕정이 지배하던 구 체제를 무너트리고 자유주의 사상을 널리 퍼트린 사건으로 여겨집니다. 이는 비단 프랑스뿐만 아니라 국경을 맞댄 주변국에도 매우 큰 영향을 미친 사건이었습니다. 혁명 직후 프랑스 주변의 군주국들은 당시 프랑스의 왕이었던 루이 16세를 돕거나 혼란을 이용해 프랑스에 개입하기 위해 프랑스에 전쟁을 선포합니다. 이러한 혼란 속에서 등장한 인물이 바로 무명의 포병 장교였던 나폴레옹 보나파르트Napoléon Bonaparte입니다. 그는 프랑스 혁명기에 프랑스 공화국 정부에 반대하는 오스트리아, 프로이센, 영국, 러시아, 프랑스 왕당파 등으로 이루어진 반프랑스 동맹을 상

▲〈**트라팔가르 해전**〉 18~19세기 영국의 낭만주의 화가 윌리엄 터너William Turner가 그린 트라팔가르 해전의 모습. 영국의 함대를 지휘한 허레이쇼 넬슨 제독은 트라팔가르 해전을 압도적인 승리로 이끌어 영국의 대표적인 명장으로 손꼽힌다.

대로 연전연승을 거듭하며 프랑스의 국민적인 영웅이 됩니다. 점차 높아지는 그의 인기를 견제하기 위해 혁명 정부는 나폴레옹을 이집트로 파병했으나, 나폴레옹은 이 기회를 이용해 쿠데타를 일으켜 제1통령의 자리에 올랐으며 1804년에는 국민 투표를 거쳐 프랑스의 황제가 되기에 이릅니다.

나폴레옹이 황제로 즉위한 후에도 유럽은 프랑스의 영향력을 저지하기 위해 수차례 전쟁을 치르는데, 이 시기에 일어난 전쟁들을 한데 묶어 나폴레옹 전쟁(1803~1815)이라고 부릅니다. 나폴레옹은 대륙에서 벌어진 전쟁에서는 거의 항상 승리를 거두면서 전 유럽을 제패했지만, 바다를 사이에 두고 떨어져 있는 영국에는 좀

수학이 쉬워지는 최소한의 세계사

처럼 손을 뻗치지 못했습니다. 영국의 해군력이 뛰어난 탓에 해상 방어를 돌파할 수가 없었기 때문입니다. 그러나 나폴레옹은 영국에 대한 야심을 버리지 못하고 영국 본토에 상륙하기 위해 스페인과 연합하여 함대를 보냅니다. 이에 대응하여 영국이 보낸 함대가 스페인 앞바다인 트라팔가르곶에서 맞붙었던 전투가 트라팔가르 해전입니다.

트라팔가르 해전에서 프랑스와 스페인 연합이 이끄는 군함은 33척에 달했지만 영국의 군함은 27척에 불과하여 영국은 수적으로 열세인 상황이었습니다. 그러나 전투는 놀랍게도 영국의 압승으로 끝납니다. 영국의 군함은 단 한 척도 침몰되지 않았으며 사망자도 400여 명 정도에 불과했습니다. 반면 프랑스와 스페인 연합군은 군함 22척을 잃었고 사망한 군인은 3,200여 명에 달했습니다. 영국군 사망자의 무려 여덟 배에 달하는 손해를 입은 것입니다.

이 전투의 양상을 자세히 살펴보면 수적으로 불리한 상황에서도 압도적인 승리를 이끌어낸 허레이쇼 넬슨Horatio Nelson 제독의 뛰어난 전략을 엿볼 수 있습니다. 당시에는 이 전략을 설명하는 이론이 존재하지 않았지만, 그보다 약 반 세기 뒤에 태어난 프레더릭 란체스터Frederick Lanchester가 수적 불리를 극복하고 이기는 전략을 수학적으로 설명해냅니다.

흥미로운 사실은 란체스터가 수학자가 아니라는 점입니다. 그는 본래 자동차 엔지니어였는데, 비행기에 관심을 가지고 연구하던 중에 이처럼 놀라운 이론을 정립하기에 이릅니다. 자동차 엔진을 개발하던 엔지니어는 어떻게 군사 전략을 수학적으로 풀어내려는 생각을 하게 되었을까요? 먼저 프레더릭 란체스터가 전략에 관심을 가지게 된 배경부터 살펴보겠습니다.

시대를 앞서간 자동차 엔지니어

프레더릭 란체스터는 트라팔가르 해전 이후 63년이 지난 1868년에 영국 런던에서 태어났습니다. 아버지는 건축가였고 어머니는 수학자였기 때문에 어렸을 때부터 수학과 공학을 친숙하게 느낄 수 있는 환경에서 자랐습니다. 덕분에 그는 자체적으로 새로운 자동차 엔진을 발명하여 1895년에는 영국 최초의 자동차를 만드는 데 성공합니다.

그러나 란체스터의 관심사는 자동차에만 머무르지 않았습니다. 그는 라이트 형제가 최초로 비행에 성공하기 11년 전부터 비행기와 항공역학에도 큰 흥미를 보였습니다. 갈매기의 날개 구조를 연구하여 공기역학 이론의 기초를 정립하고, 비행기를 만들기 위해서는 자동차보다 훨씬 강력한 출력을 지닌 엔진이 필요하다고 주장하는 등 당시로서는 혁신적인 주장을 내놓습니다. 1909년에는 앞으로의 전쟁에서 항공기가 더욱 중요한 역할을 하게 될 것이라고 정확하게 예측하기도 합니다. 지금은 공기역학에 큰 업적을 남긴 인물이라고 평가되지만 시대를 너무 앞서간 탓에 그는 살아생전에는 항공학에 대한 업적을 인정받지 못했습니다.

항공학을 연구하면서 란체스터는 공중전의 결과를 예측하는 데에도 관심을 가졌습니다. 제1차 세계대전이 발발한 해인 1914년부터 그는 월간 잡지 《엔지니어링》에 공중전을 분석하는 기사를 연재하면서 공격자와 방어자 사이의 상대적인 힘을 수학적으로 계산하는 란체스터의 법칙을 소개합니다. 이 아이디어는 이후 제2차 세계대전에서 미국의 중요한 전략으로 채택되었으며, 현재도 적과 아군의 군사력을 계산하는 데 유용하게 사용되는 핵심 개념 중 하나입니다.

일대일 전투에 적용되는 제1법칙

란체스터의 법칙은 전쟁 상황을 어떻게 가정하느냐에 따라 두 가지로 나뉩니다. 근접전 위주였던 현대전 이전 시기의 전투를 상황에서는 제1법칙이, 장거리 무기를 사용하는 현대전에는 제2법칙이 적용됩니다. 둘 모두 생소한 수식으로 표현되는데, 여기서는 예시를 단순화하기 위해 성능이 같은 무기를 지닌 두 군대의 전투를 예로 들어보겠습니다.

현대 이전에 주로 행해졌던 근접전의 대표적인 예시는 팔랑크스Phalanx입니다. 고대 그리스에서는 전투를 할 때 긴 창을 든 보병이 고슴도치처럼 밀집하여 대형을 이루었는데, 이러한 부대를 팔랑크스라고 부릅니다. 이처럼 원시적인 전투에서는 아군의 병사 한 명이 적군의 병사 한 명을 상대하게 되므로 결과적으로는 수적으로 우세한 군대가 이기게 됩니다. X군의 병사가 네 명이고 Y군

$$X_1 \longrightarrow Y_1$$
$$X_2 \longrightarrow Y_2$$
$$X_3 \longrightarrow Y_3$$
$$X_4 \longrightarrow Y_4$$
$$Y_5$$

의 병사가 다섯 명일 때, 1분마다 병사 한 명이 줄어든다고 하면 4분 후에 X군은 전멸하고 Y군은 병사 한 명이 생존하는 것입니다.

　이러한 상황을 가정한 방정식이 란체스터의 제1법칙입니다. 병사가 줄어드는 속도가 일정하게 비례하기 때문에 란체스터의 선형 법칙Lanchester's Linear Law이라고도 부릅니다. 제1법칙은 병사 x명으로 이루어진 X군과 병사 y명으로 이루어진 Y군이 싸울 때 시간(t)의 흐름에 따라 다음과 같은 식이 성립한다고 말합니다.

$$\frac{dx}{dt} = -1, \ \frac{dy}{dt} = -1$$

　두 등식은 병사의 수가 줄어드는 방식을 나타냅니다. 이 식에서 d는 미분differentiation의 머릿글자로, 변화량이 아주 미미하다는 의미를 나타내는 미분 기호입니다. 잘게 쪼갠 조각을 모아서 전체의 양을 알아내는 적분과 달리, 미분은 변화가 일어나는 도중의 한 순간을 포착하여 순간의 변화율을 구할 때 사용됩니다. 이러한 개념을 바탕으로 위 식을 간단하게 설명하면 첫 번째 등식은 무한히 작은 x의 변화량을 마찬가지로 무한히 짧은 시간 t로 나눈다는 의미입니다. 여기서는 식을 단순화하기 위해 단위 시간(t) 1분이 경과할 때마다 병사가 한 명씩 줄어든다고 가정했습니다.

란체스터의 제1법칙을 풀어보면 각 군대의 전력은 곧 병사 수와 동일합니다. Y군이 전멸하려면 5분이 걸리지만 X군이 전멸하는 데는 4분밖에 걸리지 않습니다. 그러므로 병사들이 전통적인 방식처럼 일대일로 싸운다고 가정하면 Y군은 X군보다 1.25배(5÷4)의 전력을 가진다고 볼 수 있습니다. 즉, 란체스터의 제1법칙에서는 어느 쪽이 수적으로 더 많은가가 유리하게 작용합니다.

원거리 무기를 사용할 때 적용되는 제2법칙

서로 얼굴을 맞댄 상태에서의 일대일 전투를 상정한 제1법칙과 달리, 우리가 아는 현대의 전투에서는 총이나 대포, 미사일 등 원거리 무기를 사용합니다. 일대일 상황은 거의 벌어지지 않고 한 번에 여러 목표를 공격하거나 멀리 떨어져 있는 적도 타격할 수 있지요. 따라서 이 경우에는 제1법칙과는 다른 접근이 필요합니다.

란체스터의 제2법칙, 혹은 란체스터의 제곱 법칙Lanchester's Square Law은 병사 x명으로 이루어진 X군과 병사 y명으로 이루어진 Y군이 싸울 때 시간(t)의 흐름에 따라 다음과 같은 식으로 정리할 수 있습니다.

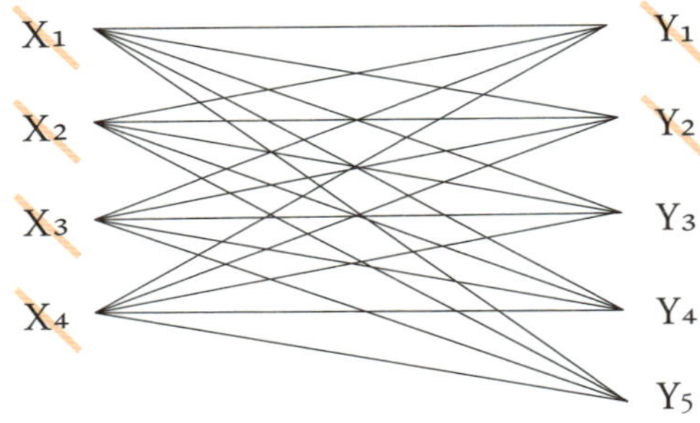

$$\frac{dx}{dt} = -y, \ \frac{dy}{dt} = -x$$

제1법칙과의 가장 큰 차이는 우변의 1이 각각 y와 x로 바뀌었다는 점입니다. 한 번에 여러 목표를 공격할 수 있는 상황을 상정한 제2법칙에서는 시간(t)이 지날 때마다 줄어드는 병사의 수가 그 순간에 생존해 있는 병사 수에 영향을 받습니다. 즉, 제1법칙에서는 병사가 줄어드는 속도가 시간에 비례했다면, 제2법칙에서는 병사 수의 차이에 따라 불리한 쪽의 머릿수가 빠르게 줄어드는 것입니다.

이 미분 방정식을 풀어서 병사 y명으로 이루어진 Y군이 병사 x명으로 이루어진 X군을 전멸시킬 때, 최종적으로 Y군에서 생존하는 병사의 수는 다음과 같은 식으로 정리할 수 있습니다.

$$\text{Y군의 생존 병사 수} = \sqrt{y^2 - x^2} \ \text{(명)}$$

수학이 쉬워지는 최소한의 세계사

	전투 방식	전력	승리한 쪽의 생존 병사 수
제1법칙	일대일 승부 (근거리 전투)	병사 수에 비례	두 군대의 병사 수 차이
제2법칙	일대다 승부 (원거리 전투)	병사 수의 제곱에 비례	$\sqrt{\text{두 군대의 병사 수의 제곱의 차이}}$

표 3-11 X군의 병사 수에 따른 Y군의 생존 병사 수 비교

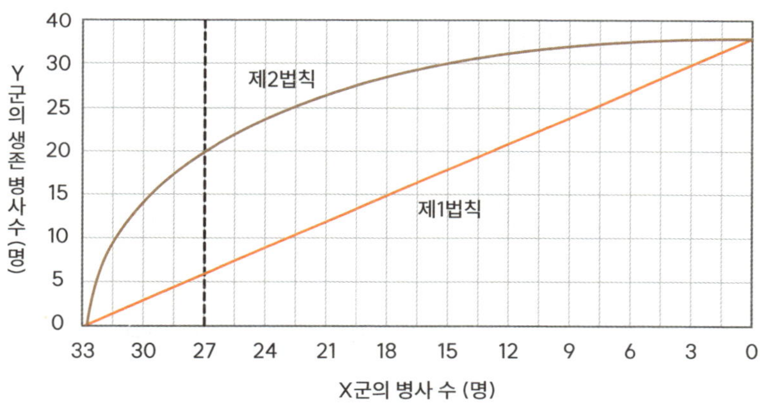

각 군의 생존 병사 수를 구하는 이 공식에 따르면 X군이 네 명, Y군이 다섯 명일 때 X군의 병사가 전멸한 시점에 Y군에서 생존한 병사는 세 명($\sqrt{5^2-4^2}=\sqrt{9}=3$)입니다. 즉, 란체스터의 제2법칙에 의하면 전력의 차이는 단순히 병사의 수가 아니라 병사 수의 제곱만큼 차이가 납니다. 그러므로 Y군은 X군보다 약 1.6배($5^2 \div 4^2$)의 전력을 가진다고 볼 수 있습니다.

란체스터의 제1법칙과 제2법칙을 비교해보면 전력은 근거리 전투에서는 병력 수에 비례하고 원거리 전투에서는 병력 수의 제곱에 비례합니다. 승리한 쪽의 생존 병사 수로 제1법칙과 제2법칙을 비교하면 그 차이를 볼 수 있습니다. 또한 Y군의 병사 수를 33명으로 고정하고 X군의 병사 수를 바꾸어가며 전력 차를 비교한 표 3-11을 보면 제2법칙이 적용되는 경우에 승리한 Y군의 생존 병사 수가 언제나 더 많다는 사실을 확인할 수 있습니다.

전력 차를 뒤집은 넬슨 제독의 전략

란체스터의 제1법칙과 제2법칙을 보면 결국 수적으로 우위에 있는 군대가 언제나 유리하다는 결론에 이릅니다. 그런데 넬슨 제독은 연합군보다 적은 수의 함선으로 어떻게 압도적으로 승리할 수 있었을까요?

얼핏 이론과 어긋나는 것처럼 보이지만 사실은 란체스터의 법칙에 따른 결과입니다. 트라팔가르 해전은 넓은 바다에서 포탄과 같은 원거리 공격 무기를 사용한 전투이므로 란체스터의 제2법칙이 적용됩니다. 이때 두 군대의 병력 차이는 병사 수의 제곱의 차와 같으므로, 만약 군함 27척을 보유한 영국과 군함 33척을 보유한 프랑스와 스페인의 연합군 함대가 아무 전략 없이 싸웠다면 두 군대의 전력 차이는 1.5배로 연합군 함대가 훨씬 유리합니다.

$$33^2 \div 27^2 = 1089 \div 729 \fallingdotseq 1.5$$

두 군대의 병력을 제2법칙에 대입해서 최종 결과를 예측해보면, 연합군이 군함 19척을 남기며 승리한다는 결론에 이릅니다.

$$\sqrt{33^2-27^2}=\sqrt{360}\fallingdotseq19$$

그러나 넬슨 제독은 전체적인 수적 우위에 연연하지 않고 접촉하는 순간의 전력 차를 높이는 전략을 사용했습니다. 초반에 적군의 전력을 분산시킨 다음, 작은 무리를 차례차례 공격함으로써 공격하는 순간의 수적 우위를 확보한 것입니다. 실제로 트라팔가르 해전에서 넬슨 제독이 이끈 영국군 함대는 전투 초기에 연합군 함대를 향해 2열로 돌진하여 적군의 전력을 반으로 분산시키는 전략을 썼습니다.

이런 방법으로 연합군 함대의 군함 33척이 각각 16척, 17척의 두 무리로 갈라졌다고 생각해보겠습니다. 영국군 함대는 먼저 전력에 해당하는 27척을 모두 이용해 16척으로 이루어진 무리와 전투를 벌입니다. 이를 란체스터의 제2법칙에 대입해보면, 전투에 돌입하는 순간 수적으로 유리한 영국군은 연합군 군함 16척을 침몰시키고 22척의 군함을 남길 수 있습니다.

$$\text{첫 번째 전투: } \sqrt{27^2-16^2}=\sqrt{173}\fallingdotseq22$$

그 후 영국군 함대의 생존 전력인 22척이 남은 적군 17척과 전

투를 벌이면 영국군 함대는 약 14척의 군함을 남기고 승리할 수
있습니다.

$$\text{두 번째 전투:}\ \sqrt{22^2-17^2}=\sqrt{195}\fallingdotseq14$$

트라팔가르 해전에서는 영국군이 훨씬 훈련이 잘 되어 있었고
바람과 같은 자연 요소를 잘 활용했습니다. 또한 프랑스와 스페인
으로 이루어진 연합군 함대는 지휘 체계에 혼선이 생기기도 하는
등 여러 요인이 함께 작용하여 영국은 단 한 척도 잃지 않고 승리
했습니다.

란체스터의 법칙은 트라팔가르 해전 이후 100년 이상이 지나서
정리된 것이므로 당시 넬슨 제독이 이를 수학적으로 계산해서 적
용한 것은 아닙니다. 그러나 역사적으로 소수가 다수를 이긴 전투
를 이끌었던 장군들은 경험과 직감에 근거하여 전체적으로는 약
세일지라도 국지적으로 우위를 확보하면 승리할 수 있다는 사실
을 알고 있었습니다. 트라팔가르 해전에서 처참하게 패배하기는
했지만, 나폴레옹 역시도 빠른 기동력을 이용해 적을 각개격파하
는 방식을 즐겨 사용했습니다. 상대적으로 소수였던 프랑스가 한
때 유럽 대륙 전체를 호령할 수 있었던 이유입니다.

란체스터의 법칙이 적용되려면 몇 가지 기본 전제가 필요합니
다. 기습 혹은 지형지물 등으로 인한 우위가 없어야 한다는 점입
니다. 즉, 기상과 지리적 조건 등이 동일하며 같은 수준의 무기를

수학이 쉬워지는 최소한의 세계사

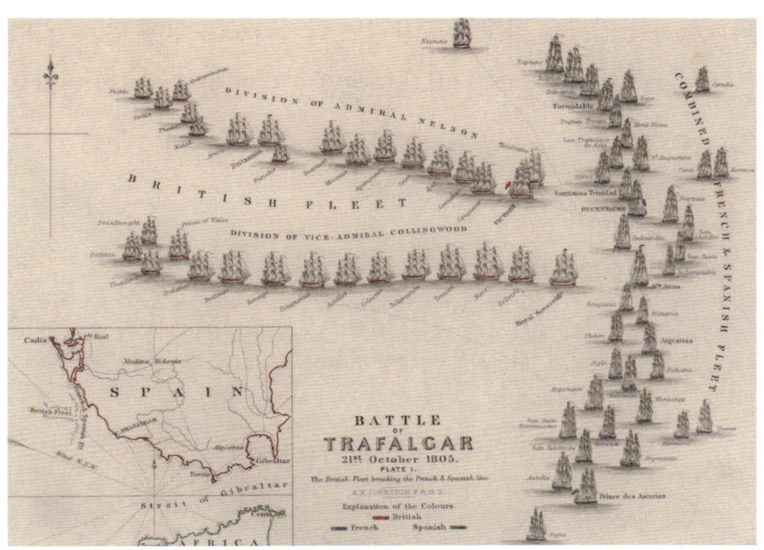

▲**트라팔가르 해전 지도** 넬슨 제독이 이끄는 영국 함대(왼쪽)는 호선으로 배치되어 있던 프랑스와 스페인 연합 함대(오른쪽)에 2열 종대로 돌진하여 전력을 분산시킨 다음 각개격 파하여 승리했다.

사용하는 정면대결이어야 합니다. 란체스터가 공중전을 분석하다 가 이 법칙을 발견한 이유도 당시 항공 기술로는 공중전에서 기습 을 하거나 지형지물의 이점을 얻기가 불가능했기 때문입니다. 이 러한 란체스터의 법칙을 활용하여 제2차 세계대전에서 미국을 비 롯한 연합군은 독일과 일본을 압도하는 데 성공합니다.

오늘날 란체스터의 법칙은 군사 분야보다는 경영 분야에서 더 욱 자주 언급됩니다. 란체스터의 법칙에 따르면 같은 장소에서 비 슷한 무기와 같은 전략을 사용한다는 전제 아래서만 강자가 유리 한 위치에 놓이므로, 경쟁하는 시장(장소)을 바꾸거나 수단(무기)을 달리하거나 전략을 다르게 활용하면 약자라도 우위에 설 수 있다는 의미가 담겨 있기 때문입니다. 이렇게 보면 란체스터의 법칙은 경험을 수학적으로 증명한 사례라고 볼 수 있습니다.

 **역사를 바꾼 결정적 수학**

- 란체스터의 제1법칙은 일대일 전투에 적용되는 공식으로, 이때 양 군대의 전력 차이는 병사 수의 차이와 같다.

- 란체스터의 제2법칙은 원거리 무기를 사용하는 현대전에 적용되는 공식으로, 이때 양 군대의 전력 차이는 병사 수의 제곱의 차와 같다.

- 란체스터의 법칙에 따르면 수적으로 열세일 때에는 상대를 각개격파하여 접촉하는 순간의 수적 우위를 확보함으로써 승리할 수 있다.

   수학이 쉬워지는 최소한의 세계사

가장 높은 자리
숫자에 숨겨진 비밀

벤포드의 법칙

> 인간은 무작위로 숫자를 만들어내는 데 서툴다.
> 우리가 숫자를 조작하려 들면 벤포드의 법칙은
> 우리의 거짓말을 가장 먼저 고발한다.
>
> — 마크 니그리니, 미국의 회계학자

자연 상태를 관찰하다 보면 명확히 설명할 수는 없지만 비슷한 모습이 자주 나타나는 것처럼 보일 때가 있습니다. 대체로 순간의 기분 탓이거나 우연의 영향이라고 치부하지만, 때로는 그 안에 수학적인 규칙이 숨어 있기도 합니다. 그 예로 미국의 주별 인구수를 정리한 표를 살펴보겠습니다. 표 3-12는 실제 미국의 주별 인구수 데이터를 수집한 것으로 얼핏 보면 그저 불규칙적인 숫자가 적당히 나열되어 있는 것처럼 보입니다. 각 지역에 사는 사람의 수를 정리한 것이니 숫자 사이에 어떤 규칙을 찾아보기 힘든 것도 당연하며 오히려 이 안에 규칙이 있다는 생각 자체가 이상하게 느껴질 것입니다.

 미국의 주별 인구수

(단위: 천 명)

주	인구수	주	인구수	주	인구수
앨라배마	5,158	켄터키	4,588	노스다코타	797
알래스카	740	루이지애나	4,598	오하이오	11,883
애리조나	7,582	메인	1,405	오클라호마	4,095
아칸소	3,088	메릴랜드	6,263	오리건	4,272
캘리포니아	39,431	매사추세츠	7,136	펜실베이니아	13,079
콜로라도	5,957	미시간	10,140	로드아일랜드	1,112
코네티컷	3,675	미네소타	5,793	사우스 캐롤라이나	5,479
델라웨어	1,052	미시시피	2,943	사우스다코타	925
워싱턴 DC	702	미주리	6,245	테네시	7,228
플로리다	23,372	몬태나	1,137	텍사스	31,291
조지아	11,181	네브래스카	2,005	유타	3,504
하와이	1,446	네바다	2,367	버몬트	648
아이다호	2,002	뉴햄프셔	1,409	버지니아	8,811
일리노이	12,710	뉴저지	9,501	워싱턴	7,958
인디애나	6,924	뉴멕시코	2,130	웨스트 버지니아	1,770
아이오와	3,241	뉴욕	19,867	위스콘신	5,961
캔자스	2,971	노스 캐롤라이나	11,046	와이오밍	588

 미국 인구수 데이터에서 가장 높은 자리에 오는 숫자

가장 높은 자리 숫자	1	2	3	4	5	6	7	8	9	계
등장 횟수	14	6	7	4	6	4	7	1	2	51

수학이 쉬워지는 최소한의 세계사

그런데 이 표에 등장하는 숫자에서 가장 높은 자리에 어떤 수가 나오는지 등장 횟수를 세어보면 전체 51개 데이터 가운데 1이 압도적으로 많이 나오는 것을 알 수 있습니다. 이는 미국 인구수 데이터뿐만 아니라 자연적으로 관측되는 다양한 데이터에서 빈번하게 관찰되는 현상입니다. 어쩌다 보니 우연히 이런 결과가 나왔다고 여기고 무시할 수도 있지만, 실제로 2만 건 이상의 데이터를 분석하여 가장 높은 자리 숫자에 감추어진 법칙을 발견한 인물이 있습니다. 바로 미국의 물리학자 프랭크 벤포드Frank Benford입니다.

▲**프랭크 벤포드** 미국의 물리학자이자 전기공학자로, 세계적인 전자제품 회사인 제너럴 일렉트릭에서 근무했다.

벤포드는 어떤 데이터 묶음에서 가장 높은 자리에 오는 숫자로 '1'이 가장 많다는 현상을 발견하고 이를 '벤포드의 법칙'이라는 이름으로 발표했습니다. 얼핏 보면 수학적으로 증명하기도 어려워 보일뿐더러 도대체 이런 법칙을 어디에 사용해야 할지 의문이 듭니다. 하지만 이 법칙은 숫자가 많이 등장하는 금융 데이터를 다룰 때 종종 사용되며, 최근에는 미국 대통령 선거에 등장하여 논쟁을 일으키기도 했습니다. 지금부터 벤포드는 어떻게 해서 이런 내용을 법칙으로 발표했으며, 이 법칙을 어디에 활용하는지 알아보겠습니다.

무작위처럼 보이는 숫자의 비밀

자연에서 어떤 수치를 추출한다고 해보겠습니다. 앞에서 예로 든 것처럼 지역별 인구수일 수도 있고, 하천의 길이나 산의 높이, 산림 면적, 식물 개체수, 주소의 번지수, 부동산의 가격 등 다양한 영역에서 갖가지 수치 데이터를 추출할 수 있을 것입니다. 이렇게 무작위로 데이터를 조사하면 이미 존재하는 현상을 정리한 것이니 특정한 숫자가 더 많이 나오리라고 기대하기는 어렵습니다. 대부분이 1로 시작하는 숫자나 9로 시작하는 숫자가 비슷한 비율로 등장한다고 생각할 것입니다. 그러나 벤포드의 법칙에 따르면 1로 시작하는 수치가 나올 확률은 9로 시작하는 수치가 나올 확률의 약 6.5배입니다. 이는 실제 사례를 분석하여 얻은 결과이며 수학적 근거도 분명합니다.

가상의 사례를 예로 들어서 왜 데이터에서 1이 가장 많이 등장하는지를 알아보겠습니다. 인구가 매년 두 배로 증가하는 도시가 있다면 인구가 1만 명에서 10만 명으로 늘어나기까지 약 3년이 걸립니다. 12개월이 지나면 2만 명, 24개월이 지나면 4만 명, 36개월이 지나면 8만 명, 48개월이 지나면 16만 명이 되므로 10만 명에 도달하는 시점은 36개월부터 48개월 사이입니다. 이때 증가하는 인구수를 1개월 단위로 정리해보겠습니다. 표 3-14는 12개월, 24개월, 36개월을 기준으로 인구가 적당히 고르게 늘어난다고 가정한 것인데, 이 데이터를 보면 가장 높은 자리의 숫자가 '1'인 기간이 가장 길다는 사실을 알 수 있습니다. 또, 1부

수학이 쉬워지는 최소한의 세계사

 인구가 매년 두 배로 증가하는 가상의 도시의 인구수

1개월	2개월	3개월	4개월	5개월	6개월
10,595	11,225	11,892	12,599	13,348	14,142
7개월	8개월	9개월	10개월	11개월	12개월
14,983	15,874	16,818	17,818	18,877	20,000
13개월	14개월	15개월	16개월	17개월	18개월
21,189	22,449	23,784	25,198	26,697	28,284
19개월	20개월	21개월	22개월	23개월	24개월
29,966	31,748	33,636	35,636	37,755	40,000
25개월	26개월	27개월	28개월	29개월	30개월
42,379	44,898	47,568	50,397	53,394	56,569
31개월	32개월	33개월	34개월	35개월	36개월
59,932	63,496	67,272	71,272	75,510	80,000
37개월	38개월	39개월	40개월		
84,757	89,797	95,137	100,794		

 인구가 매년 두 배로 증가할 때 가장 높은 자리에 오는 숫자

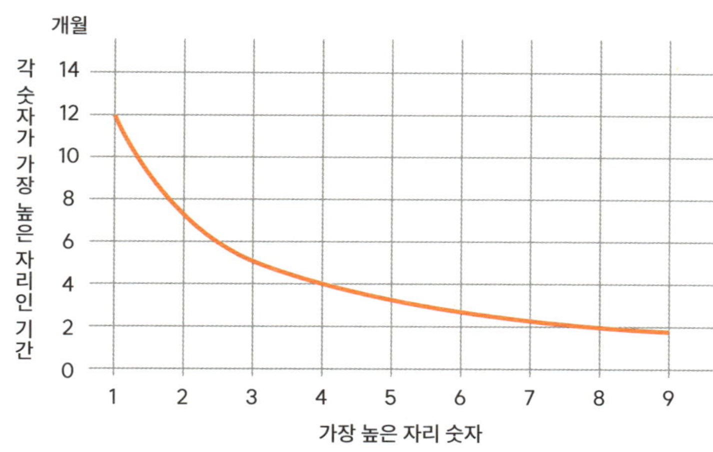

터 9까지의 각 숫자가 가장 높은 자리에 오는 기간을 정리한 표 3-15를 보면 1이 가장 많이 등장하고 숫자가 커질수록 등장 빈도가 줄어드는 양상을 볼 수 있습니다. 이 도시의 사례는 어디까지나 예시에 불과하지만, 현실적인 데이터를 살펴도 이러한 경향성은 비슷하게 나타납니다. 왜 이런 현상이 발생하는 것일까요? 경험에 기초해서 생각해보면 어떤 수가 두 배로 늘어나기까지는 상당한 시간이 소요된다는 점을 들 수 있습니다. 즉, 인구수가 1만 명에서 2만 명으로 늘어나려면 두 배가 되어야 하므로 그만큼 긴 시간이 걸리지만, 똑같이 1만 명이 늘어나더라도 2만 명에서 3만 명으로 늘어나는 것은 1.5배 상승에 불과합니다. 4만 명에서 5만 명으로 늘어나면 1.25배가 상승하는 것이니 더욱 쉬워지지요.

벤포드는 자연에서 수집할 수 있는 다양한 수를 직접 조사하여 가장 높은 자리에 오는 숫자들의 등장 빈도수가 비례적으로 증가한다는 사실을 밝혀냈습니다. 벤포드의 법칙에 따르면 1부터 9까지 각 숫자가 등장할 확률은 다음과 같습니다.

1 : 30.1%	2 : 17.6%	3 : 12.5%
4 : 9.7%	5 : 7.9%	6 : 6.7%
7 : 5.8%	8 : 5.1%	9 : 4.6%

이 수치는 엄밀한 계산을 통해 구한 값으로, 1이 가장 많이 등장하며 숫자가 커질수록 등장 확률이 줄어드는 양상을 볼 수 있

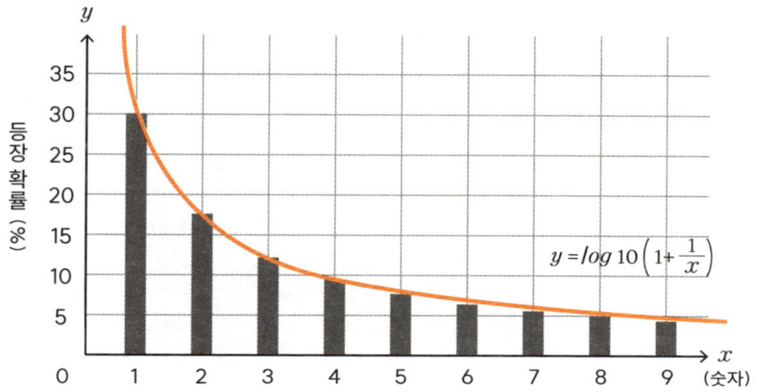

습니다. 1부터 9까지의 각 숫자가 나올 확률을 그래프로 그려보면 표 3-16과 같은 로그 그래프가 나타나며, 앞서 살펴본 가상의 도시 인구수 자료와도 비슷한 형태를 그리고 있음을 알 수 있습니다.

벤포드는 인구수뿐만 아니라 산, 하천 등의 자연물은 물론이고 주가, 물리 상수 등 인위적으로 조작할 수 없는 데이터의 대부분이 이 법칙을 따른다고 설명했습니다. 반대로 자연적인 숫자가 아닌 경우, 즉 우편번호나 차량 번호판 숫자처럼 인위적으로 만들어졌거나 키나 몸무게처럼 수치 범위가 한정된 데이터에는 벤포드의 법칙이 적용되지 않습니다. 예를 들어, 발음적 유사성으로 인해 죽음을 연상하게 만드는 '4'로 시작하는 번호의 차량은 찾기 어려우며 대부분의 사람들의 키(센티미터)는 가장 높은 자리가 '1'입니다.

이렇게 설명해도 가장 높은 자리에 1이 많이 등장한다는 벤포드의 법칙은 다소 황당하게 느껴집니다. 그렇다면 벤포드는 도대체 어떻게 이런 법칙을 발견하게 되었을까요?

2만 건의 데이터를 분석해낸 놀라운 끈기

엄밀히 말하면 이 법칙은 벤포드가 처음으로 발견했다고 하기 어렵습니다. 벤포드가 태어나기 전에 미국의 천문학자이자 수학자인 사이먼 뉴컴Simon Newcomb이 비슷한 현상을 발견했기 때문입니다. 모든 과학 분야가 그렇지만 천문학 역시 천체의 위치와 운동을 설명하기 위해서는 수학 계산이 필수적입니다. 그런데 천문학에서 다루는 숫자는 단위가 매우 큽니다. 지구와 태양까지의 거리만 해도 1억 5,000만 킬로미터이며, 천문학에서 자주 사용되는 거리 단위인 1광년(빛이 1년 동안 이동하는 거리)은 9조 4,607억 킬로미터에 달합니다. 각각 아라비아 숫자로 쓰면 150,000,000와 9,460,730,472,580이니 계산하다 보면 종이에 자릿수를 다 쓰기 힘들 정도로 커다란 수가 됩니다. 흔히 쉽게 헤아리기 힘들 정도로 큰 수를 '천문학적인 숫자Astronomical figures'라고 부르는데, 실제로 천문학에서 다루는 숫자가 이처럼 크기 때문입니다. 그래서 천문학에서는 큰 수를 간단하게 표시하고 계산할 수 있는 로그를 사용합니다. 로그의 등장으로 천문학자의 수명이 두 배로 늘었다는 우스갯소리가 있을 정도입니다.

과거에는 계산기나 컴퓨터가 없었기 때문에 로그의 값을 알기

수학이 쉬워지는 최소한의 세계사

위해서 계산된 수치가 정리된 로그표를 이용했습니다. 뉴컴 역시도 천문학자였기 때문에 200쪽이 넘는 로그표 책을 늘 옆에 두고 연구했지요. 그러던 어느 날 뉴컴은 가장 높은 자리가 1인 수의 로그가 실린 페이지가 다른 페이지에 비해 눈에 띄게 닳아 있다는 점을 발견했습니다. 이로부터 그는 천문학 계산에 쓰이는 수치는 가장 높은 자리의 수가 '1'인 경우가 많다는 사실을 알아냅니다. 뉴컴은 이 발견을 더 파고들지 않았지만 이때의 발견은 훗날 벤포드에게 영향을 주었습니다.

프랭크 벤포드는 뉴컴이 신기한 사실을 발견한 지 2년 뒤인 1883년에 미국의 펜실베이니아주에서 태어났습니다. 미시간대학교를 졸업한 그는 세계적인 전자제품 기업이었던 제너럴 일렉트릭의 연구소에서 물리학자로 일하며 로그표를 이용하다가 뉴컴과 비슷한 발견을 하게 됩니다. 자연발생적으로 등장하는 숫자에서는 가장 높은 자리의 숫자가 1일 가능성이 가장 높고 9일 가능성이 가장 낮다는 점이었습니다.

그러나 벤포드의 그다음 행동은 뉴컴과 달랐습니다. 벤포드는 자신이 발견해낸 경향에 흥미를 느끼고 야구 통계, 하천 유역 면적, 원자량, 물리 상수, 도시 인구, 신문 기사에 등장하는 숫자 등 다양한 데이터를 여러 해에 걸쳐 수집하고 분석했습니다. 무려 20,229건에 달하는 데이터를 분석한 결과 벤포드는 기분 탓이 아니라 실제로 자연계에는 비례적으로 증가하는 데이터가 많다는 결론에 이르렀고, 1938년에 「이례적인 숫자들에 관한 법칙」이라는 논문을 발표했습니다. 집요하고 탁월한 조사를 통해 탄탄한 근거를 갖춘 벤포드의 법칙은 엉뚱하게 느껴지는 의외성까지 더해져 널리 알려졌습니다. 심지어 이 법칙은 여러 분야에서 꽤 실용적으로 사용할 수 있다는 점이 밝혀졌습니다. 그렇다면 벤포드의 법칙은 흥미롭다는 점 외에 도대체 어떤 쓸모가 있었을까요?

미국 대통령 선거를 뒤흔든 벤포드의 법칙

벤포드의 법칙은 놀랍게도 회계 부정 등의 데이터 조작을 감시하는 데 유용하게 쓰입니다. 1972년에 미국의 경제학자 할 바리언Hal Varian은 벤포드의 법칙을 통해 부정을 발견할 수 있다고 주장했습니다. 자연적으로 등장하는 숫자들은 대체적으로 벤포드의 법칙을 따르기 마련이니, 만약 회계장부에서 벤포드의 법칙과 다른 경향성이 등장한다면 조작되었을 가능성이 크다는 주장이었습니다. 1980년대 이후 회계사들은 바리언의 주장을 받아들여서 재무제표에서 부정을 찾아내는 데 벤포드의 법칙을 활용하기 시작했습니다. 다만 벤포드의 법칙을 따르지 않는다고 바로 데이터를 조작했다고 판단하는 것이 아니라, 데이터 조작이 일어났을 가능성을 가늠하는 초기 단계의 간이 도구로 사용한 정도입니다.

비슷한 이유로 선거에서도 벤포드의 법칙이 자주 등장합니다. 최근에 벤포드의 법칙이 대대적으로 활용된 사례로 2020년 11월 3일에 치러진 미국 대통령 선거를 들 수 있습니다. 이 선거는 민주당 후보 조 바이든이 당시 대통령이었던 도널드 트럼프를 꺾은

수학이 쉬워지는 최소한의 세계사

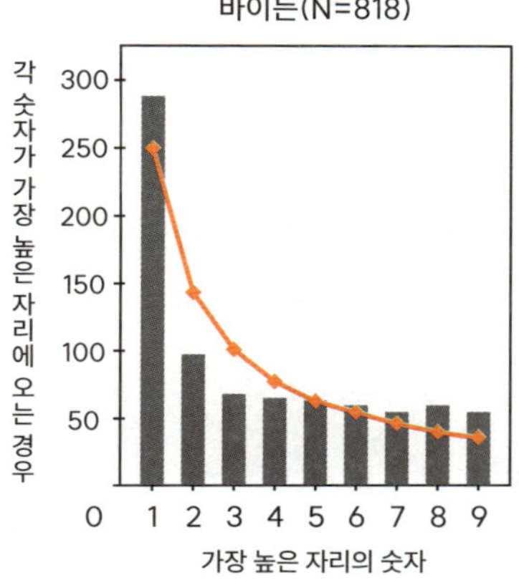

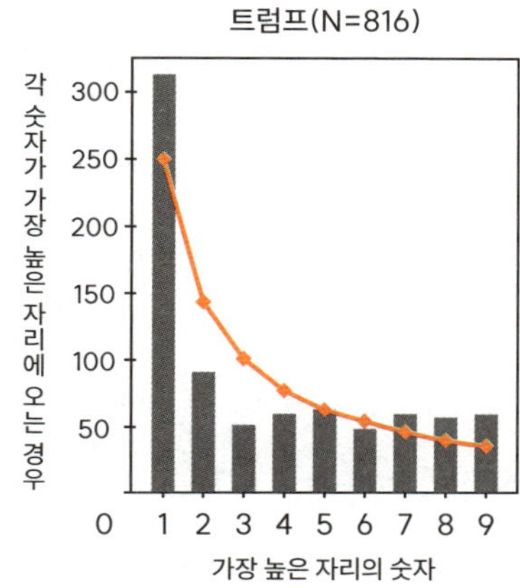

※ 꺾은선그래프는 벤포드의 법칙에 따른 이론값을,
막대그래프는 실제 데이터를 나타낸다.

선거였습니다. 미국의 대통령은 4년 중임제이기 때문에 재선에 성공하면 최대 8년까지 대통령직을 유지할 수 있고, 보통은 큰 실책이 없는 한 현직 대통령이 연임을 하는 경우가 많습니다. 낙선한 트럼프 진영이 바이든의 부정을 주장하는 데 이용한 것이 바로 벤포드의 법칙이었습니다. 트럼프 측은 각 선거구에서 바이든과 트럼프의 득표수를 비교하면서 가장 높은 자리에 오는 숫자를 통계적으로 정리하여 의혹을 제기했습니다.

실제로 표 3-17의 마이애미 선거구 그래프를 비교해보면 두 경우 모두 대체로 벤포드의 법칙을 따르고 있다는 것을 알 수 있습니다. 그렇다면 다른 지역은 어땠을까요?

밀워키와 시카고 지역의 데이터를 보면 트럼프의 득표수는 벤포드의 법칙과 유사한 분포를 보이지만, 바이든의 득표수는 벤포드의 법칙을 나타내는 꺾은선과는 다른 모양을 그리는 점이 눈에 띕니다. 트럼프 진영은 이를 근거로 바이든이 선거를 조작했다는 주장을 펼쳤습니다. 심지어 이 주장은 매우 신빙성이 높은 것으로 받아들여지면서 선거 부정을 밝히기 위해 행정부와 사법부가 움직이는 사태가 벌어졌습니다. 결국 각 주에서 선거 결과가 재집계되었고, 법무장관이 나서서 선거 결과를 조작했다는 증거는 발견되지 않았다고 성명을 내면서 2020년 선거는 바이든의 승리로 돌아갔습니다. 비록 결과가 달라지지는 않았지만 이 사건에서 벤포드의 법칙은 선거 결과를 재조사하게 만들 정도로 강력한 방아쇠로 작용한 것입니다.

그런데 왜 바이든의 득표수 데이터는 벤포드의 법칙을 따르지 않았던 것일까요? 전문가들은 벤포드의 법칙이 초기 단계에서 의심을 해볼 수는 있지만 실제로 조작이 있었다는 사실을 입증할 수 있는 자료로 사용될 수는 없다는 점을 지적합니다. 또한 미국은 양당제이기 때문에 둘 중 한 후보를 골라야 하는데, 지역색에 따라 한 후보에게 표가 쏠리는 현상이 나타날 수 있습니다. 밀워키 지역에서 바이든에 대한 지지율은 70퍼센트였고, 이곳은 각 선거구당 인원수가 평균 800명 전후로 다소 적은 편이었습니다. 따라서 밀워키의 지역구별 바이든 득표수를 단순하게 계산하면 $800 \times 0.7 = 560$이 되어 가장 많이 등장하는 첫 번째 자리수가 5가 되어야 하며, 5와 가까이 있는 4와 6, 7도 빈번히 등장할 수 있다고 설

 밀워키의 각 선거구에서의 득표수 집계

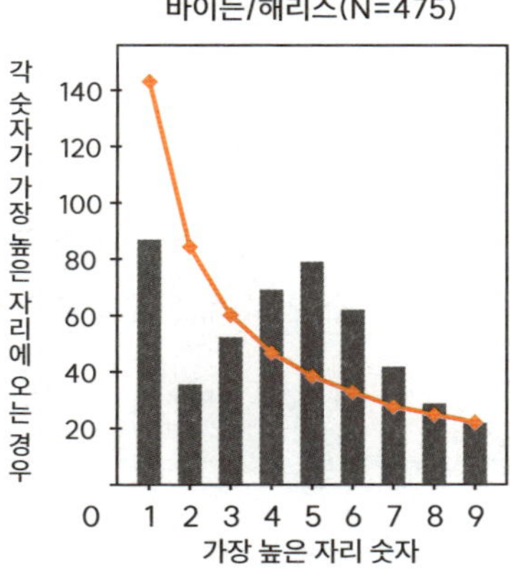

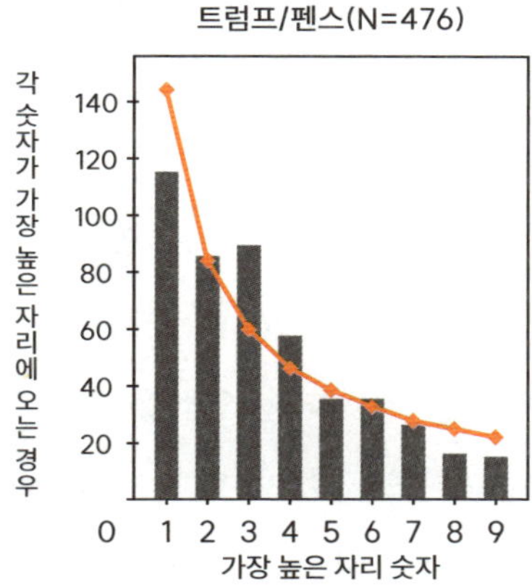

 시카고의 각 선거구에서의 득표수 집계

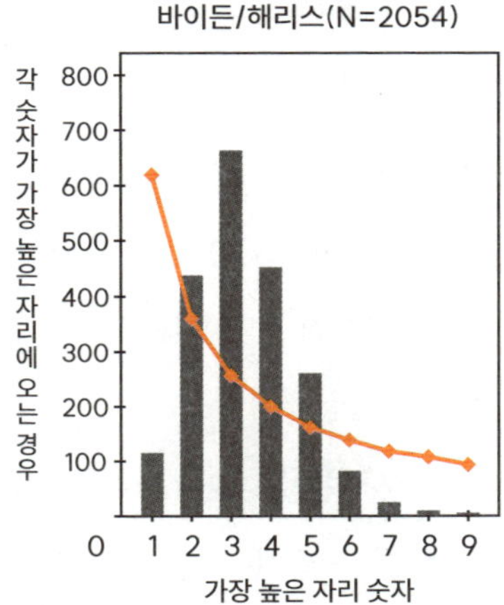

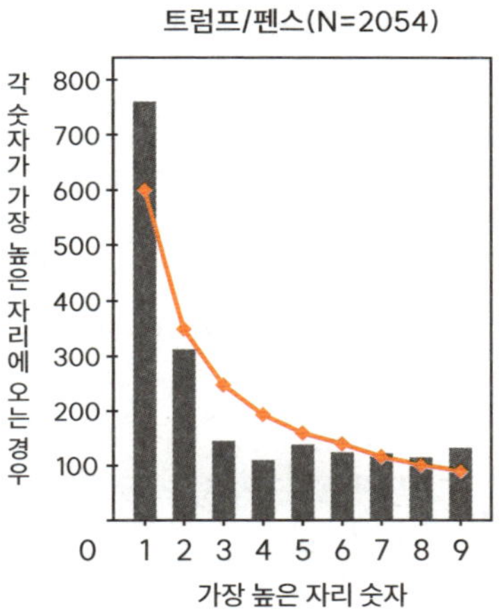

명했습니다.

반대로 벤포드의 법칙을 지나치게 따라서 문제가 된 사례도 있습니다. 2016년에 치러진 러시아 의회 선거에서 9만 개가 넘는 선거구의 투표자 수에서 두 번째 자리에 오는 수가 벤포드의 법칙에 따른 값과 완벽하게 일치했던 것입니다. 지나칠 정도로 벤포드의 법칙을 완벽하게 따르는 수치였기 때문에 오히려 의도적으로 표를 조작했다는 의심을 받았습니다. 다만 이러한 의혹을 제기한 사람이 외국인의 미국 언론인이었고, 푸틴 정권은 선거 결과가 타당하다고 보고 혐의를 무시했기 때문에 큰 문제로 번지지 않았습니다.

이 외에도 벤포드의 법칙을 근거로 선거 부정 의혹이 제기된 사례는 많습니다. 선거처럼 정치와 관련된 통계에서는 벤포드의 법칙을 따르지 않아도 의심받고 지나치게 따라도 의혹이 생깁니다. 그러나 벤포드의 법칙을 근거로 선거 부정 의혹이 제기된 사례에서 실제로 부정이 밝혀진 사례는 거의 없습니다. 또한 전문가들은 선거에서 벤포드의 법칙이 적용되는 데에는 한계가 있다고 지적합니다.

다만 벤포드의 법칙은 대규모 숫자를 다루는 통계나 장부 데이터를 검토할 때 등에서 인위적으로 수치를 조작했는지 여부를 의심해볼 수 있는 첫걸음이자 자세한 조사를 요구하는 발판으로 기능할 수는 있습니다. 유머와 사회 풍자의 대가인 미국의 작가 마크 트웨인이 남긴 명언 가운데 이런 말이 있습니다.

숫자는 거짓말을 하지 않지만, 거짓말쟁이는 숫자를 이
용한다.

벤포드의 숫자를 향한 열정에서 태어난 이 법칙은 숫자를 악용
하려고 하는 사람들을 지금도 계속 감시하고 있습니다.

 **역사를 바꾼 결정적 수학**

- 벤포드의 법칙은 수치 데이터에서 가장 높은 자리에 1이 가
  장 많이 등장하며 숫자가 커질수록 등장 빈도가 즐어든다는
  법칙이다.

- 벤포드의 법칙은 회계, 통계 등 같은 대규모 숫자를 사용할
  때 부정을 발견하는 도구가 될 수 있다. 그러나 벤포드의 법
  칙에 어긋난다고 해서 곧 부정이 존재한다는 의미는 아니다.

나치의 암호를 해독한
컴퓨터의 아버지

기계는 생각할 수 있는가? 현재는 논의할 가치조차 없는
질문이지만, 금세기 말에는 모두가 '그렇다'라고 답할 것이다.

— 앨런 튜링, 「계산 기계와 지능」中

20세기 전반은 거대한 전쟁이 전 세계를 휩쓸었던 시기
였습니다. '모든 전쟁을 끝내기 위한 전쟁'이라고 불렸던 제1차
세계대전(1914~1918)과 인류 역사상 가장 많은 사망자를 낸 제2차
세계대전(1939~1945)이 이 시기에 일어났습니다. 특히 제2차 세계
대전은 항공기, 핵무기 등 인류가 지금까지 만들어낸 모든 첨단
기술이 동원되면서 수학자와 물리학자 등 과학자들이 크게 활약
한 전쟁이기도 합니다.

비에트의 사례에서도 보았듯 전쟁이 일어나면 암호 기술이 매
우 중요해지는데, 제2차 세계대전에서는 그 중요성이 더욱 컸습
니다. 무선 통신 기술이 크게 발전하면서 전장에서 명령을 전달하

는 핵심 기술로 사용되었는데, 무선
으로 오가는 메시지는 주파수 대역
을 알면 엿듣기에도 용이하다는 문
제가 있었기 때문입니다. 이런 이유
로 제2차 세계대전에서는 통신 보안
을 위한 암호학이 큰 발전을 이룹니
다. 설령 적군이 메시지를 가로채더
라도 그 내용을 이해할 수 없게 만드
는 기술이 필요해진 것입니다.

▲앨런 튜링 튜링은 컴퓨터가 막 만들어지던 시기에 스스로 생각하는 기계의 등장을 예측했다.

독일은 제2차 세계대전에서 에니그마라는 기계를 이용해 암호
를 생성했습니다. 에니그마라는 이름은 고대 그리스어로 '수수께
끼'를 뜻하는 아이니그마αἴνιγμα에서 비롯되었는데, 에니그마로 만
든 암호는 16세기 말 비에트가 해독한 스페인의 암호와는 비교도
되지 않을 정도로 복잡하여 조합 가능한 암호 패턴이 1해 5,860경
(약 1.5조의 1억 배)에 달했습니다. 당시에는 해독 불가능한 암호라
고 평가받았을 정도입니다.

이렇게 난공불락의 요새처럼 보이던 에니그마 암호 해독에 도
전한 사람이 바로 영국의 수학자 앨런 튜링입니다. 에니그마가 해
독된 덕분에 제2차 세계대전의 종전이 3년이나 앞당겨졌다고 평
가하는 사람도 있을 정도로 놀라운 업적이었습니다. 과연 에니그
마는 어떤 암호였으며 튜링은 그 암호에 어떻게 맞섰는지 튜링의
삶을 따라가며 알아보겠습니다.

컴퓨터의 기본 원리를 규정한 천재

튜링은 1912년에 런던에서 태어났습니다. 어렸을 때부터 수학적 재능이 뛰어나 초등학교 교장 선생님이 "지금까지 똑똑하고 성실한 학생들을 많이 보아왔지만 앨런은 진정 천재입니다"라고 감탄했을 정도였습니다. 수학 문제를 자신만의 방식으로 풀어내기를 좋아해서 정석적인 풀이 과정을 가르치는 수학 교사에게 미움을 받았을 만큼 독창성이 풍부한 학생이기도 했습니다. 15세 때는 미적분을 배우지 않고서도 미적분 문제를 풀 수 있었고, 16세 때에는 아인슈타인의 이론을 이해했다고 합니다.

튜링은 사립학교로 진학하면서 크리스토퍼 모컴이라는 친구와 교류하게 됩니다. 모컴 역시도 수학과 과학에 뛰어난 재능을 지닌 덕분에 둘은 빠르게 가까워졌고, 튜링은 모컴의 영향을 받아 수학과 과학에 더욱 깊은 관심을 가지게 되었습니다. 모컴은 동성애 성향을 지닌 튜링의 첫사랑으로 여겨지는데, 안타깝게도 결핵으로 인해 10대에 세상을 떠나고 맙니다. 튜링은 갑작스러운 이별에 큰 충격을 받았으며, 세간에서는 이때의 고통으로 인해 튜링이 관념과 정신, 마음의 근본은 물질에 있다는 생각을 품게 되었다고들 합니다. 모컴의 사후에도 튜링은 모컴의 어머니와 자주 편지를 나누었는데, 그중 한 편지에서 육체와 영혼의 관계를 어떻게 생각했는지 언급한 내용을 찾아볼 수 있습니다.

저는 영혼이 물질과 영원히 연결되어 있다고 믿지만, 그

수학이 쉬워지는 최소한의 세계사

것이 한 가지 육체에만 구애된다고 생각하지 않습니다. 저는 육체가 영혼을 일시적으로 붙잡을 뿐이라고 생각합니다. 육체가 아직 살아 있고 깨어 있을 때 영혼과 육체는 단단히 연결되어 있습니다. 육체가 잠들었을 때 무슨 일이 일어나는지는 짐작할 수 없지만, 육체가 죽으면 영혼을 붙잡고 있던 육체의 작용이 사라지고 영혼은 새로운 육체를 찾게 되는 것 같습니다.

이러한 경험을 통해 튜링은 물질로서 뇌가 어떻게 작동하는지 분석하는 데 관심을 가졌습니다. 정신과 의식 역시도 근간은 물질에 있다고 여기는 그의 유물론적인 생각은 훗날 세계를 구하는 계산기를 발명할 뿐만 아니라 스스로 생각하는 기계, 즉 인공지능AI의 초기 아이디어로 이어집니다.

모컴이 사망한 이듬해인 1931년에 튜링은 케임브리지대학교 킹스칼리지에 입학했습니다. 그는 이전보다 더 수학 연구에 전념하며 학부와 대학원에서 장학금을 받았으며 뛰어난 수학 논문을 발표해 최고 등급의 학위를 받으며 졸업했습니다. 연구자가 된 뒤에는 20세기 최고의 수학자라고 불리는 쿠르트 괴델Kurt Gödel의 불완전성 정리의 영향을 받아 컴퓨터가 이론적으로 절대 풀 수 없는 문제가 존재한다는 사실을 수학적으로 증명해냈습니다.

불완전성 원리란 모순이 없는 수학 체계라도 증명할 수 없는 명제가 반드시 하나 이상 있다는 정리입니다. 20세기 수학계에서는 논리적으로 모순이 없는 체계를 만들고자 하는 노력이 한창이었는데, 괴델은 불완전성 원리를 통해 어떤 체계가 모순이 없다는 사실을 그 체계 안에서는 증명할 수 없다고 밝혀냈습니다. 이는 순수한 수학 체계를 만들고자 했던 당대의 수학자들을 좌절하게 만든 한편으로 튜링에게도 깊은 인상을 남겼습니다.

튜링은 이러한 불완전성 정리에서 영감을 받아 1936년에 「계산 가능한 수에 대하여, 그리고 결정 문제의 응용」이라는 논문을 발표합니다. 그는 여기서 최초로 정지 문제를 제시했는데, 이때 튜링이 논의한 '정지'란 문제를 푸는 수학 기계가 해답을 얻어 멈추는 것을 의미합니다. 반대로 기계가 멈추지 않는다면 해답을 얻지 못했다는 뜻이지요. 튜링은 논문에서 수학 기계가 어떤 문제를 직접 풀어보기 전에는 기계가 스스로 그 문제를 풀 수 있을지 없을지 판정할 방법이 없다는 사실을 증명해냈습니다. 이 수학 기계는 튜링이 자신의 논리를 증명하기 위해 고안한 가상의 기계였지만 너무나 유명해져서 고안한 학자의 이름을 따서 '튜링 머신'이라는 이름으로 불리게 됩니다. 또한 오늘날 당연하게 여겨지는 '입력→처리→출력'이라는 컴퓨터의 기본적인 작동 원리를 제시한 것도 이 논문입니다. 인간의 활동에 비유하면 '자극(입력)→생각(처리)→행동(출력)'과 같은 과정이지요. 이 모델이 컴퓨터의 기본 원리가 되면서 장차 세계를 더욱 큰 전화戰禍에서 구할 계산기의 설계도가 되었습니다.

튜링은 미국의 프린스턴대학교에서 박사 과정을 밟던 중에 그

수학이 쉬워지는 최소한의 세계사

▲**블레츨리 파크** 블레츨리 파크는 빅토리아 시대 양식의 저택과 여러 오두막으로 구성되어 있었으며, 튜링이 운영한 암호 해독팀은 오두막 8Hut 8을 이용했다.

의 재능을 알아본 교수 존 폰 노이만John von Neumann으로부터 조교직을 제안받지만, 애국심이 넘치던 튜링은 이를 거절하고 영국으로 귀국합니다. 그리고 1939년에 나치 독일이 폴란드를 침공하면서 제2차 세계대전이 일어나자 정부 암호 연구소에서 독일의 군사 암호를 해독하는 일을 맡게 되지요. 당시 정부 암호 연구소가 버킹엄셔주 지역에 있는 정원 저택인 블레츨리 파크Bletchley Park에 거점을 두고 있었기 때문에 제2차 세계대전 시기의 정부 암호 연구소를 블레츨리 파크라고 부르기도 합니다.

인간의 지능으로 풀 수 없는 암호

독일이 개발한 에니그마는 회전판을 사용해 만든 휴대용 암호 생성기였습니다. 구조가 매우 복잡하여 1해 5,000경 이상의 조합

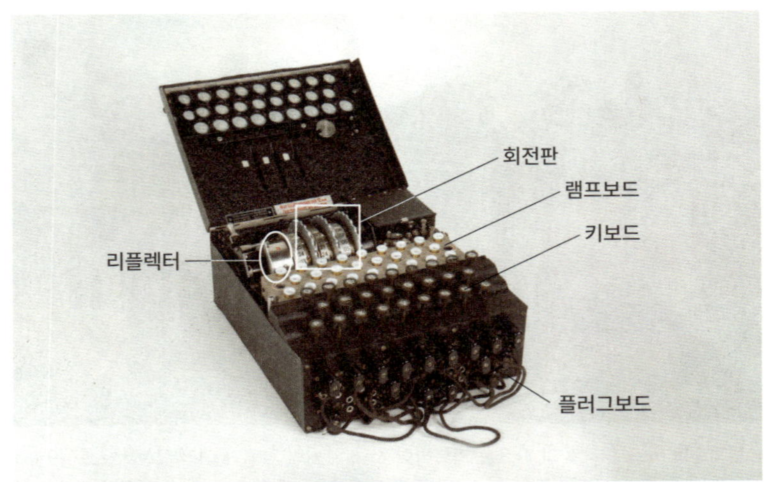

▲**에니그마** 에니그마는 1918년에 독일인 발명가에 의해 상업적으로 출시되었으나, 제2
차 세계대전 중 독일군이 채택하여 널리 사용되었다. 사진은 1930년대에 사용된 군용 모
델 에니그마.

을 만들 수 있었던 데다가 매일 암호를 변환하는 규칙이 달라졌기
때문에 학자들은 만약 독일군이 실수 없이 이 장치를 사용했더라
면 당대에 해독이 불가능했을 것이라고 평했습니다. 실제로 에니
그마 도입 초기에 독일군은 에니그마 암호화 과정의 복잡성을 강
조하며 "인간의 지능으로는 풀 수 없다"라고 단언했습니다.

에니그마는 플러그 보드와 세 개의 회전판이 암호를 만들고 리
플렉터가 암호를 복원시키는 열쇠 역할을 하는 구조였습니다. 암
호가 만들어지기까지 문자 변환은 무려 아홉 번이나 이루어졌습
니다. 이 놀라운 암호 기계가 평문을 암호문으로 만드는 과정을
차근차근 살펴보겠습니다.

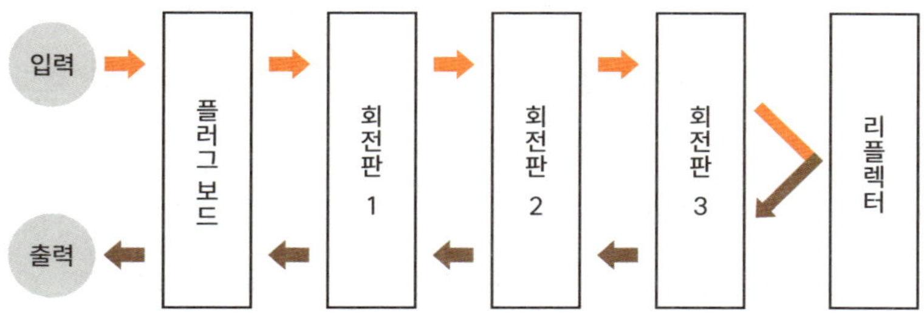

　먼저 암호화의 처음과 마지막에 사용되는 플러그 보드는 알파벳 26자에 대응하는 플러그가 있어서 케이블을 연결하면 두 개의 알파벳을 서로 바꿀 수 있었습니다. 예를 들어, A와 T 사이에 플러그를 연결하면 A를 입력했을 때 저절로 T로 변환되는 식이었습니다. 케이블은 원하는 위치에 바꾸어 꽂을 수 있기 때문에 연결하는 알파벳의 조합을 매일 손쉽게 바꿀 수 있었습니다. 다만 독일군은 모든 문자를 변환하지 않고 케이블 10개를 이용하여 20개 글자만 서로 바뀌도록 했는데, 이렇게만 해도 150조 가지 이상의 문자 교환 패턴이 만들어질 수 있었습니다.

　보드의 상단에 있는 세 개의 회전판은 에니그마의 핵심적인 부품으로 플러그 보드의 다음 단계에서 암호를 더욱 복잡하게 만드는 역할을 했습니다. 회전판은 입력한 문자를 다른 문자로 변환하는 동시에 문자를 하나 입력할 때마다 회전하면서 문자를 바꾸는 규칙을 바꾸었습니다. 알파벳은 26개 문자로 이루어져 있기에 26번 회전하면 한 바퀴를 돌게 되는데, 이러한 회전판이 총 세 개

있으므로 회전판을 거치면 26×26×26=17,567가지 문자 교환 패턴이 만들어졌습니다. 게다가 회전판은 다섯 장 가운데 세 장을 골라서 매번 다르게 배열했습니다. 회전판을 배열하는 방식만 해도 5×4×3=60가지였으므로 회전판만으로도 17,567×60=1,054,020가지, 즉 100만 가지가 넘는 교환 패턴을 만들 수 있었던 것입니다.

리플렉터는 입력된 신호를 다른 문자로 바꿔서 회전판으로 다시 돌려보내는 역할을 했습니다. 리플렉터 덕분에 플러그 보드와 회전판의 설정을 동일하게 맞춘 두 대의 에니그마를 이용하면 암호화와 복호화를 할 수 있었습니다. 암호는 키를 알지 못하는 다른 이들이 암호를 해독하지 못할 정도로 복잡해야 하지만 동시에 같은 키를 지닌 이들은 쉽게 해독할 수 있어야 합니다. 암호가 너무 복잡해서 키를 알고 있는 사람도 해독에 시간이 오래 걸린다면 메시지를 신속하게 주고받기 어렵기 때문입니다. 시시각각 상황이 달라지는 전쟁터라면 더욱 그렇습니다. 에니그마는 구조가 복잡했지만 보내는 측과 받는 측의 기계 설정만 맞추면 그 자리에서 메시지를 해독할 수 있었기 때문에 독일군에서 널리 사용되었습니다.

에니그마가 암호를 변환하는 법

플러그 보드와 회전판, 리플렉터가 만들어내는 암호화 과정을 단계별로 살펴보겠습니다. 간단하게 E, F, G, H, I, J, K, L이라는 여덟 개 글자만 이용한다고 가정하고 플러그 보드와 세 개의 회

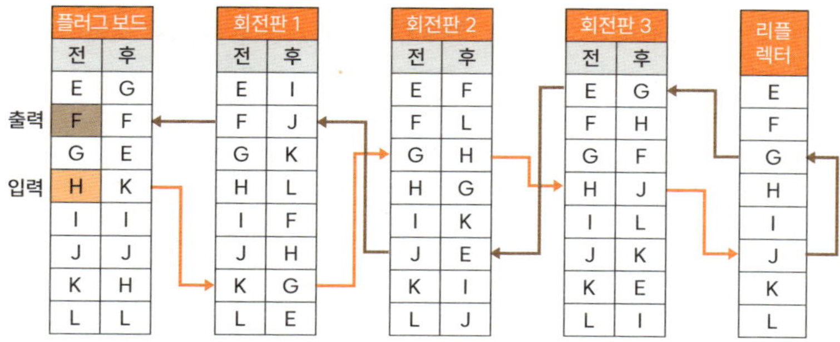

플러그 보드 전	플러그 보드 후	회전판 1 전	회전판 1 후	회전판 2 전	회전판 2 후	회전판 3 전	회전판 3 후	리플렉터
E	G	E	I	E	F	E	G	E
F	F	F	J	F	L	F	H	F
G	E	G	K	G	H	G	F	G
H	K	H	L	H	G	H	J	H
I	I	I	F	I	K	I	L	I
J	J	J	H	J	E	J	K	J
K	H	K	G	K	I	K	E	K
L	L	L	E	L	J	L	I	L

전판, 리플렉터에서 문자가 변환되는 과정을 임의로 설정했을 때, 독일군이 자주 사용했던 'HEIL(만세)'이라는 단어를 암호화하는 과정은 다음과 같습니다.

첫 번째 글자 H를 입력하면 플러그 보드에서 H가 K로 변환됩니다. 그리고 첫 번째 회전판을 거치며 G로, 두 번째 회전판을 거치며 H로, 마지막으로 세 번째 회전판을 거쳐 J로 변환됩니다. 리플렉터는 J를 G로 되돌려보내고 이 문자는 세 번째 회전판에서 E로, 두 번째 회전판에서 J로, 마지막으로 첫 번째 회전판으로 돌아와 F로 바뀝니다. 따라서 H를 입력했을 때 최종적으로 출력되는 글자는 F이며, 첫 번째 글자의 암호화가 끝나면 세 회전판은 각각 한 글자만큼 회전합니다. 그러므로 같은 문자를 연속으로 입력해도 회전판 때문에 보통은 다른 문자가 출력됩니다. 그러나 같은 이유에서 서로 다른 문자를 입력해도 우연히 같은 문자가 출력되는 경우가 있습니다. 같은 조건에서 계속해서 문자를 입력하면 두

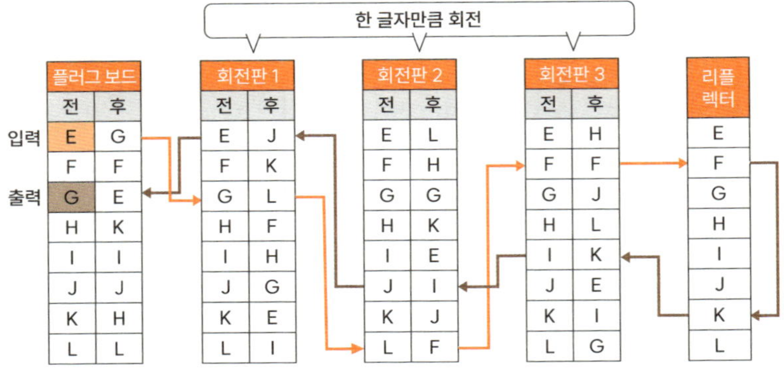

번째 글자 E는 G가 되고, 세 번째 글자 I도 G로 변환되는 것을 알수 있습니다. 마지막 네 번째 글자 L은 I로 출력되어, 결과적으로상대방은 FGGI라는 문자를 받습니다.

암호를 수신한 측은 플러그 보드와 회전판을 미리 정한 약속에따라 동일하게 설정한 뒤 암호문으로 받은 FGGI를 그대로 입력합니다. 그러면 F는 HEIL이라는 문자를 암호화할 때의 화살표와정확히 반대되는 방향을 따라 H로 복원됩니다. 이와 같은 방식으로 G는 I로, I는 L로 변환되어 HEIL이라는 원문을 복원할 수 있는 것입니다.

세계 최고의 암호를 만든 독일군의 치명적 실수

이렇게 복잡하기 짝이 없는 암호를 연합군은 어떻게 해독할 수있었을까요? 그 과정을 이해하기 위해서는 제2차 세계대전의 효

수학이 쉬워지는 최소한의 세계사

시가 된 폴란드로 돌아가야 합니다. 폴란드는 독일이 침공해오기 전부터 에니그마에 대한 정보를 입수하여 이를 해독하기 위한 연구를 하고 있었습니다. 그 연구 성과는 독일이 폴란드를 침공하기 전부터 연합국 측에 넘어가 있었기 때문에 에니그마가 플러그 보드와 세 개의 회전판, 리플렉터로 이루어져 있다는 사실이 이미 알려진 상태였습니다. 다만 구조를 알아도 플러그와 회전판을 설정하는 방법을 모르면 암호를 해독할 수 없었습니다. 그러나 독일군은 이 암호를 운용하면서 몇 가지 실수를 저질렀고, 튜링은 이 단서를 놓치지 않았습니다.

독일군은 메시지에 정형화된 문장을 자주 사용했습니다. 예를 들어, 독일군이 에니그마로 보낸 메시지는 'HEIL HITLER(히틀러 만세)'로 끝날 때가 많았습니다. 또한 작전이 이루어지는 현지의 기상 상태를 보고하기 위해 'WETTER(날씨)'로 시작하는 메시지도 다수 발견되었습니다. 튜링은 이러한 단서에 독일군이 플러그와 회전판의 설정을 매일 바꿀 것이라는 점까지 고려하여 조합의 총수를 약 100만 가지까지 좁혀냈습니다. 남은 작업은 가능한 조합을 하나하나 대입해보며 의미가 통하는 문장으로 복원할 수 있는지 확인하는 것이었습니다.

튜링은 검증 작업에 자신이 개발한 '봄브Bombe'라는 계산 기계를 사용했습니다. 전쟁 전부터 컴퓨터를 연구해오던 튜링에게는 비교적 익숙한 일이었습니다. 봄브에는 108개의 회전판이 있어서 한번에 36대의 에니그마 조합법을 시험해볼 수 있었으므로 메시

▲**봄브** 튜링이 개발한 봄브는 암호문을 입수한 당일의 에니그마 설정을 파악하는 데 사용되었다. 왼쪽은 1945년 촬영된 블레츨리 파크의 봄브, 오른쪽은 블레츨리 파크 박물관에 복원된 봄브의 회전판.

지에 포함될 가능성이 높은 단어를 추측하여 가능한 모든 설정을 차례로 시험해보는 방식으로 운용되었습니다. 1941년 말에 이르면 봄브는 독일 해군의 에니그마 암호문을 불과 수 분 만에 해독하여 독일 잠수함의 움직임을 미리 파악할 수 있는 수준에 이릅니다. 독일군은 자신들의 암호가 해독되고 있으리라고는 상상도 하지 못한 채 종전까지 에니그마를 계속 사용했습니다. 당시 튜링의 동료들은 "튜링이 없었더라면 영국은 전쟁에서 패했을 것"이라고 공언했을 정도였습니다.

인공지능의 탄생을 예언하다

튜링의 공헌은 실로 막대했지만 그 공적을 제대로 인정받지는 못했습니다. 독일의 패배로 전쟁이 종식된 후에도 다시 전쟁이 발

수학이 쉬워지는 최소한의 세계사

발할 것을 우려한 연합국이 에니그마 암호를 해독했다는 사실을 공개하지 않았기 때문입니다. 튜링의 가족조차 그가 암호 해독에 참여했다는 사실을 모를 정도였습니다. 튜링뿐만 아니라 에니그마 해독에 관여한 과학자들은 전후 비밀 유지 의무 때문에 자신이 무슨 일을 했는지 발설하지 못해 우울감에 시달렸다는 기록이 남아 있습니다.

하지만 튜링은 전쟁이 끝난 후에도 컴퓨터 연구를 계속하면서 프로그램을 내장한 '자동 계산 장치ACE, Automatic Computing Engine'를 설계했습니다. 또한 인공지능이라는 개념이 아직 없었던 시기에 '기계가 생각할 수 있는가'라는 질문을 던지면서 이를 판별할 수 있는 일종의 지능 확인 검사, 즉 튜링 테스트Turing test를 고안했습니다. 이는 인간으로 하여금 대화하는 상대방이 기계인지 인간인지를 판별할 수 있는지 등을 알아보는 테스트로, 현대에도 인공지능이 얼마나 '인간다운지' 판별하는 기준으로 사용됩니다. 아직 인공지능이 존재하지도 않았던 시절에 인공지능 이론의 기초를 닦은 것입니다. 더 나아가 그는 인공지능에 대해서 깊이 고찰하며 다음과 같은 말을 남겼습니다.

기계가 완벽하게 정확하기를 바란다면 높은 지능은 기대할 수 없다.

기계가 프로그래밍된 대로만 움직이는 것을 넘어서 오류를 범

▲자동 계산 장치 튜링이 블레츨리 파크에서의 경험을 바탕으로 설계한 프로그램이 내장된 컴퓨터의 시제품.

할 가능성을 수용해야 비로소 인간에 가까워진다는 의미로, 인공 지능의 본질을 꿰뚫는 말이라고 할 수 있습니다. 자신의 뇌를 이용해 수많은 시행착오를 거치고 봄브를 개발하여 에니그마를 해독한 튜링이기에 할 수 있었던 날카로운 지적입니다.

튜링은 이처럼 뛰어난 천재이자 전쟁을 승리로 이끈 영웅이었지만 1952년에 영국에서는 불법으로 여겨졌던 동성애 혐의로 체포되어 유죄 판결을 받았습니다. 그 여파로 그는 관여하고 있던 정부 기관에서 물러나야 했으며 해외 출국도 금지되었습니다. 금고 1년의 판결을 받고 강제로 호르몬 주사까지 맞았던 그는 결국 1954년 6월 7일 41세의 나이로 자택에서 청산가리를 복용해 스스로 목숨을 끊고 맙니다.

튜링의 놀라운 업적은 그가 사망한 지 18년이 지난 1974년에

수학이 쉬워지는 최소한의 세계사

야 비로소 공표되었습니다. 죄를 사면 받아 위인으로 인정받기 시작한 것은 2013년의 일입니다. 에니그마의 암호를 풀어 제2차 세계대전의 종전을 앞당긴 영웅에게는 너무나도 뒤늦은 조치였습니다.

- 튜링은 현대 컴퓨터과학의 기초를 정립한 수학자로, 인공지능이라는 개념조차 정립되지 않았던 시기에 스스로 생각하는 기계의 가능성을 상상했다.

- 제2차 세계대전에서 독일은 1해 5,000경 이상의 암호를 만들 수 있는 암호 기계 에니그마를 운용했지만, 튜링은 수학적 추론과 컴퓨터를 이용하여 독일군의 해독하는 데 성공했다.

최상의 전략을
이끌어내는 수학

폰 노이만의 게임 이론

사람들은 수학이 단순하지 않다고 생각합니다.
인생이 얼마나 복잡한지 깨닫지 못했기 때문이지요.

— 존 폰 노이만, 미국의 수학자

수학이라고 하면 숫자를 이용해 계산하는 학문이라고만 생각하기 쉽지만, 수학이라는 분야를 자세히 살펴보면 상상 이상으로 다양한 분과가 존재합니다. 그중에는 고대부터 사용되었던 기하학처럼 깊은 역사를 지닌 분과도 있지만 20세기에 들어서야 비로소 시작된 최신 분과도 있습니다. 그러나 역사가 짧다고 덜 중요하다고 단정하기는 어렵습니다. 만들어진 지 100년도 채 되지 않았지만 작게는 가위바위보에서 이기는 방법부터 크게는 제3차 세계대전의 발발을 막는 방법을 알려준 수학 이론이 존재하기 때문입니다.

게임 이론이라고 불리는 이 놀라운 수학의 분과는 1944년에 미

수학이 쉬워지는 최소한의 세계사

국의 수학자 존 폰 노이만과 오스카르 모르겐슈테른Oskar Morgenstern에 의해 탄생했습니다. 여러 의사결정자가 서로 영향을 주고받는 상황을 수학적으로 분석하여 최적의 전략을 이끌어내는 이론으로, 얼핏 들으면 우리가 생각하는 수학의 범위를 넘어서는 것처럼 보입니다. 도대체 이러한 수학 이론은 어떻게 등장하게 되었을까요? 지금부터 뒤늦게 꽃피

▲**존 폰 노이만** 폰 노이만은 수학, 물리학, 컴퓨터과학, 경제학 등 다방면에서 놀라운 업적을 남겨 '20세기의 가장 똑똑한 사람'이라는 평을 받는다.

었지만 사회 연구는 물론이고 현대의 국제 정세에까지 영향을 미친 수학의 분과인 게임 이론이 탄생한 배경을 살펴보겠습니다.

천재들의 천재가 주목한 수학 이론

폰 노이만은 1903년 헝가리의 수도 부다페스트에서 태어났습니다. 아버지가 은행을 경영하며 많은 부를 쌓은 인물이었기 때문에 어렸을 때부터 유복한 환경에서 영재 교육을 받으며 자랐습니다. 일찍부터 가정교사를 두고 공부한 덕분에 헝가리어, 영어, 프랑스어, 독일어, 이탈리아어를 할 수 있었고, 여섯 살 무렵에는 여덟 자리 수의 나눗셈을 암산할 수 있었으며, 여덟 살 때는 미분과 적분, 그리스어와 라틴어까지 이해할 수 있었다고 합니다. 집에 방문한 손님들 앞에서 전화번호부를 보고 외운 이름과 주소, 전화

▲**프린스턴 고등연구소** 폰 노이만뿐만 아니라 아인슈타인, 괴델, 오펜하이머 등 당대의 뛰어난 과학자들이 이곳에서 연구를 수행했다.

번호를 읊어서 놀라게 만들었다는 이야기도 유명합니다. 그는 일반적인 교육 과정에 맞추어 열 살 때 중등학교에 입학했지만, 담당 교사로부터 중등학교에서 배울 수 있는 수학은 모두 습득했으니 고급 수학을 배우라는 권유를 받았습니다. 덕분에 폰 노이만은 일찍부터 부다페스트대학교에서 개인 수업을 들으면서 탁월한 수학적 소양을 더욱 갈고닦을 수 있었습니다.

그는 이후 부다페스트대학교 수학과, 베를린대학교 화학과, 스위스 공과대학교를 거치며 다양한 분야를 두루 연구했습니다. 25세의 나이로 프린스턴대학교의 수리물리학 방문 교수로 일했으며, 앞서 언급한 것처럼 폰 노이만이 앨런 튜링을 만난 곳도 바로 프린스턴대학교였습니다. 그로부터 4년 뒤에는 프린스턴 고등

수학이 쉬워지는 최소한의 세계사

연구소의 최연소 창립 교수진이 되면서 죽을 때까지 이곳의 수학 교수로 일했습니다. 이렇듯 다방면에서 보인 재능으로 '천재들의 천재'라고까지 불렸던 폰 노이만은 프린스턴대학교에 부임하기 직전인 1920년대 후반부터 게임 이론에 관심을 가졌습니다.

게임 이론에서 게임game이란 우리가 흔히 생각하는 체스나 바둑 등에서 승부를 가리는 것과 비슷합니다. 다만 학문적인 의미에서 조금 더 엄밀히 설명하자면, 어떠한 이해관계가 걸린 상황에서 여러 행위자가 상호작용을 하면서 나름의 전략을 바탕으로 자신에게 가장 유리한 결과를 얻으려 하는 행위를 지칭합니다. 이러한 정의에 따르면 단순히 놀이로 즐기는 게임뿐만 아니라 이권을 두고 다투는 전쟁도 게임에 속합니다.

최악을 피하는 전략이 가장 좋은 전략이다

경제 이론에서 주로 사용되는 수학적 개념으로 '제로섬zero-sum 게임'이 있습니다. 참가자들이 얻는 결과의 합sum이 0이 되는 게임을 의미하는데, 참가자가 두 명이라면 한쪽이 이득을 본 만큼 다른 쪽이 손해를 보게 되어 두 사람의 손익 합계가 항상 0이 되는 게임입니다. 누군가가 이기면 누군가는 반드시 질 수밖에 없는 게임이 이에 속합니다. 체스에서는 승자가 있으면 반드시 패자가 있고, 도박에서는 1,000원을 번 사람이 있으면 반드시 1,000원을 잃은 사람이 있기 마련입니다. 둘 모두 제로섬 게임의 대표적인 예이지요.

폰 노이만은 그중에서도 전략을 필요로 하는 '2인 제로섬 게임'에 관심을 가졌습니다. 1928년에 발표한 논문인 「전략 게임의 이론에 대하여」에서 폰 노이만은 최소 극대화 정리Minimax를 수학적으로 증명하면서 게임 이론의 기본 개념을 정립하고자 시도합니다. 이전에도 갈등과 대립 상황에서 벌어지는 일을 수학적으로 설명하려는 시도는 있었지만 주로 체스 게임처럼 특정한 상황에 한정된 경우가 대부분이었습니다. 폰 노이만은 특정한 놀이뿐만 아니라 이해관계가 걸려 있는 상황 전체를 포괄하는 이론을 만들고자 했던 것입니다.

폰 노이만이 게임 이론 분야에서 처음으로 발표한 성과인 최소 극대화 정리는 최악의 상황에 발생할 수 있는 최대한의 손실을 최소화하는 전략이 가장 유리하다는 내용을 담고 있습니다. 폰 노이만은 논문에서 룰렛과 체스 등 다양한 실내 게임을 예로 드는데, 여기서는 간략하게 두 사람이 가위바위보를하는 상황을 통해 폰 노이만의 증명을 짚어보겠습니다.

일대일로 가위바위보를 할 때는 어떤 전략이 가장 좋을까요? 물론 가위바위보는 이기거나 비기거나 질 확률이 각각 $\frac{1}{3}$로 동일하기 때문에 현실에서는 전략까지 세워가며 가위바위보에 임하는 사람은 많지 않습니다. 그러나 때로는 이길 확률을 조금이라도 높이기 위해서 자신이 무엇을 낼 것인지 말함으로써 상대의 심리에 영향을 미치려는 전략이 종종 사용되곤 합니다. 가위바위보를 하기 전에 "저는 보를 낼 거예요"라고 미리 선언하여 상대방이 선

수학이 쉬워지는 최소한의 세계사

표 3-23 가위바위보 점수표

		상대		
		가위	바위	보
나	가위	0	-1	+1
	바위	+1	0	-1
	보	-1	+1	0

뜻 바위를 내지 못하도록 유도하는 것입니다. 그러나 상대방 역시 같은 전략을 쓸 가능성이 있고, 상대가 나보다 심리전에 훨씬 능하다면 오히려 역효과를 불러올 가능성이 크기 때문에 이는 불완전한 전략입니다. 그렇다면 이런 편법 외에 언제나 통하는 전략은 없을까요?

이때 등장하는 것이 최소 극대화 정리입니다. 폰 노이만은 이 정리를 통해 최상의 전략이란 최악의 경우에도 가장 좋은 결과를 낳는 전략이라고 단언하면서 손해를 최소화하는 전략을 알려줍니다. 2인 제로섬 게임인 가위바위보에서 발생할 수 있는 최대의 손해는 지는 것이므로, 이 경우에는 지는 확률을 최소화하는 전략이 이에 해당합니다. 최소 극대화 정리에 따르면 가위바위보를 할 때 가장 좋은 전략은 다른 잔꾀 없이 가위, 바위, 보를 무작위로 내는 것입니다. 상대방이 심리전에 능하다고 가정하고 이 전략을 증명해보겠습니다.

이겼을 때 1점을 얻고(+1점), 비겼을 때는 변화가 없으며(0점), 졌을 때는 1점을 잃는다(-1점)고 가정하고 표 3-23처럼 정리해보면 각각의 경우에 얻는 점수를 계산해볼 수 있습니다. 이 표에 따르면 내가 바위를 내기로 선택했을 때 얻을 수 있는 최악의 점수는 -1점이며, 가위와 보를 낼 때도 마찬가지입니다. 따라서 전략적으로 무엇을 내든 최악의 점수는 -1점이 됩니다. 즉, 무엇을 낼지 미리 정해서 가위바위보를 할 때 최악의 경우는 상대방의 전략에 말려들어서 지는 것입니다.

그러나 가위바위보에서 무엇을 낼지를 온전히 확률에 맡기면 어떻게 될까요? 그러면 최악의 경우는 확률에 의해 결정되기 때문에 기댓값으로 예상 점수를 구할 수 있습니다. 내가 무엇을 낼지 확률에 맡긴다면 가위, 바위, 보 중에 하나를 골라서 낼 확률은 $\frac{1}{3}$입니다. 만약 상대방이 바위를 낸다고 가정했을 때, 가위를 내면 지고(-1점), 바위를 내면 비기며(0점), 보를 내면 이깁니다(+1점). 즉, 각각의 경우에 얻을 수 있는 점수의 기댓값은 세 가지 중 하나를 낼 확률인 $\frac{1}{3}$에 각각의 경우에 얻는 점수를 곱하면 얻을 수 있습니다. 얻을 수 있는 점수의 전체 기댓값은 세 경우의 기댓값을 모두 더하면 되므로, 무엇을 낼지 정하지 않고 확률에 맡겼을 때 얻을 수 있는 기댓값은 다음과 같이 구하면 됩니다.

$$-\frac{1}{3}+0+\frac{1}{3}=0$$

이는 상대방이 가위를 내거나 보를 낼 때도 동일하므로 결국 상대가 무엇을 내더라도 0점이 된다는 결론에 이릅니다. 즉, 가위바

수학이 쉬워지는 최소한의 세계사

		상대방	
		바위	
나	가위	-1	$\frac{1}{3} \times (-1) = -\frac{1}{3}$
	바위	0	$\frac{1}{3} \times 0 = 0$
	보	+1	$\frac{1}{3} \times (+1) = +\frac{1}{3}$

위보에서는 섣불리 상대방을 심리적으로 흔들려고 할 때보다 완전히 운에 맡길 때 최악의 경우에 얻을 수 있는 점수가 더 높습니다. 참고로 이때 상대방도 무엇을 낼지 스스로 정하지 않고 확률에 맡기면 내시 균형이 이루어지는데, 이에 대해서는 다음 장에서 더 자세하게 살펴볼 것입니다.

게임 이론이 탄생한 날

폰 노이만은 1928년에 게임 이론의 기초가 되는 논문을 발표한 뒤 한동안은 독일 함부르크대학교에서 학생들을 가르쳤습니다. 그러나 히틀러가 두각을 드러내면서 유대인을 탄압했기 때문에 유대인이었던 노이만은 이듬해 미국으로 망명할 수밖에 없었습니다. 그는 프린스턴대학교에서 수리물리학을 가르치며 연구를 계속해나가던 중에 독일의 경제학자 오스카르 모르겐슈테른과 운명적인 만남을 갖습니다.

폰 노이만이 1928년에 발표한 기초 이론은 지나치게 넓은 범위를 다루고 있어서 수학적으로 매우 어려웠으며 현실적으로 활용할 방안을 찾기도 쉽지 않았습니다. 그러나 경제학자였던 모르겐슈테른은 그가 제시한 기초 이론의 중요성을 깨닫고 참가자들이 자신의 이익을 최대한으로 추구하는 경제 상황으로 한정하여 이론을 명쾌하게 다듬었습니다. 오늘날 우리가 아는 게임 이론은 1944년 두 사람이 공저로 출간한 『게임 이론과 경제 행동』이라는 저서에서 탄생했습니다. 이 책은 여러 의사결정자가 서로 영향을 주고받는 상황을 단순화하여 수학의 언어로 풀어냈습니다. 이러한 과정을 모델링modeling이라고 하는데, 복잡한 현실에서 핵심적인 변수만 남겨서 식이나 그래프로 정리하는 것을 의미합니다. 수학적 모델링을 거치면 복잡해 보이는 문제도 수학적으로 계산할 수 있으므로 수학 이론을 정립하는 데 필수적인 과정입니다. 폰 노이만과 모르겐슈테른은 이러한 모델링 과정을 통해 개개인의 전략적인 행동을 분석하는 이론적 틀을 제시했습니다. 또한 2인 제로섬 게임 외에도 3인 이상이 참여하는 게임이나 참가자들의 이익과 손해의 합이 0이 되지 않는 넌제로섬nonzero-sum 게임 등 다양한 상황을 다루었습니다.

『게임 이론과 경제 행동』은 비록 제목에 '경제'라는 단어를 사용하기는 했지만 실제로는 사회 전반에 통하는 보편성을 지니고 있어서 정치학, 사회학, 군사 전략 등에 폭넓게 응용할 수 있는 방법을 설명한다고 평가받았습니다. 20세기 후반에는 게임 이론을 전쟁과 사회 문제에 응용하는 방법을 찾아내어 노벨경제학상을

| | | 후보자 B | |
		중간층 지원	고령층 지원
후보자 A	청년층 지원	1	1.5
	중간층 지원	1.5	2

수상한 학자도 등장했을 정도입니다. 전쟁 문제에 게임 이론이 응용된 사례는 뒤에서 더 자세히 살펴볼 예정이니 여기에서는 게임 이론이 정치에 응용된 예를 살펴보겠습니다.

스코틀랜드의 사회경제학자 던컨 블랙Duncan Black은 게임 이론으로 선거 과정에서 사람들이 보이는 전략적 행동을 연구하여 1948년에 중위 투표자 정리를 발표했습니다. 여기서 중위 투표자란 어떤 정책에 대한 선호도 순으로 투표자들을 줄 세웠을 때 분포의 중앙에 오는 이들을 의미합니다. 블랙은 이 정리를 통해 다수결 투표에서는 최종 당선자가 중위 투표자들의 선호에 의해 결정된다는 점을 증명했습니다.

사례를 통해 이 이론을 자세히 살펴보겠습니다. 어떤 마을의 대표 선거에 후보자 A와 B가 출마하면서 A는 청년층을 지원하는 정책을, B는 고령층을 지원하는 정책을 내놓았습니다. 각각 나이가 20세(청년층), 40세, 60세(고령층)인 세 사람이 투표에 참여할 때, 초기 정책을 고수하면 A는 20세인 유권자에게 1표를 받고 B는 60세인 유권자에게 1표를 받습니다. 40세인 유권자의 표는 어디로 갈지 알 수 없으므로 0.5표로 계산하겠습니다. 만약 이때 A는 계속해서 청년층을 지원하겠다고 표명하고, B는 중간층을 지원하는 방향으로 노선을 변경한다면 A는 20세인 유권자에게서만 표를 받을 수 있으므로 A의 기대 득표수는 1이 되어 패배할 것입니다. 반면 A가 중간층을 지원하겠다고 표명하면 B가 중간층을 지원하겠다고 선언한 최악의 경우에도 1.5의 기댓값을 얻을 수 있습니다. 따라서 A 입장에서 최악일 때(득표수 최소)에 얻는 값이 최대가 되는 선택지는 중간층 지원하겠다고 선언하는 것입니다. 당연히 B도 같은 전략을 세울 것이므로 각 후보자가 아무리 한쪽으로 치우친 정책을 내놓더라도 결국에는 중위 투표자가 선호하는 방향으로 수렴한다는 것이 중위 투표자 정리의 결론입니다.

이처럼 게임 이론은 가위바위보 같은 게임부터 투표와 같은 실제 사회 현상까지 다양한 영역에서 합리적으로 사고할 수 있는 틀을 제시합니다.

악마의 두뇌를 지닌 수학자

폰 노이만은 다방면에 깊은 관심과 재능을 가졌으며 뛰어난 암기력과 암산 능력, 수학적 능력을 지니고 있었습니다. 그의 동료이자 노벨물리학상 수상자였던 유진 위그너Eugene Wigner는 "내가 아는 진정한 천재는 오직 존 폰 노이만뿐이다"라는 말을 남겼으며, 그가 교수로 있었던 프린스턴대학교에서는 "폰 노이만은 인간이 아니라 인간 흉내를 내는 반신半神이다"라는 농담이 곧잘 돌았다고 합니다. 최초의 다용도 디지털 컴퓨터로 알려진 에니악

ENIAC의 개발에 참여했던 이들이 남긴 기록을 보면 노이만이 컴퓨터보다 미분 방정식을 먼저 암산했다는 일화도 등장합니다.

그는 지나치게 합리적인 사상과 행동 때문에 '악마의 두뇌', '인간인 척하는 악마' 같은 별명도 있었습니다. 그의 과도한 합리성을 엿볼 수 있는 대표적인 일화로 제2차 세계대전 중에 진행된 미국의 핵폭탄 개발 프로그램인 맨해튼 프로젝트의 사례를 들 수 있습니다. 이 프로젝트에는 노벨물리학상 수상자들을 비롯하여 당대 최고의 과학자들이 대거 참여했고 뛰어난 두뇌로 칭송받던 폰 노이만 역시도 예외가 아니었습니다. 그러나 인류를 파괴할지도 모르는 무기를 개발한다는 사실에 고뇌하며 맨해튼 프로젝트 자체에 비판적인 시선을 지니고 있던 다른 과학자들과 달리, 폰 노이만은 오로지 효율적인 핵무기를 개발하는 데에만 집중했습니다. 또한 죄책감을 느끼며 괴로워하던 젊은 동료 물리학자에게

"우리가 사는 세계에 우리가 책임을 느낄 필요는 없다"라고 말하며 위로했다고 합니다. 과학을 철저히 중립적인 도구로 바라보면서 사회적 책임보다는 주어진 문제를 얼마나 정확하게 해결하는가에 집중했던 것입니다.

또한 제2차 세계대전 종전 후 미국과 소련이 냉전 체제에 돌입하자 폰 노이만은 소련에 핵으로 기습 공격을 해야 한다고 주장하는 강경한 입장을 취했습니다. 그는 소련이 핵을 갖추기 전에 선제공격을 해야 한다고 주장하면서 "만약 누군가가 왜 내일 당장 [소련을] 폭격하지 않느냐고 한다면 나는 왜 오늘 그러지 않느냐고 물을 것이다. 오늘 다섯 시에 폭격하겠다고 한다면, 나는 왜 한 시에 하지 않느냐고 물을 것이다"라고 말했다고 합니다.

이렇듯 다방면에서 천재성을 드러내며 활발하게 활동하던 폰 노이만은 1957년, 53세에 암으로 사망하는데, 그가 젊은 시절 참여한 맨해튼 프로젝트에서 방사선에 노출된 것이 주요 원인이라고 짐작됩니다. 생전에 폰 노이만은 수학이 너무 추상적이고 어렵다며 불평하는 사람들을 향해 "사람들은 수학이 단순하지 않다고 생각합니다. 인생이 얼마나 복잡한지 깨닫지 못했기 때문이지요"라고 말한 바 있습니다. 분명한 답이 존재하는 수학에 비해 인생은 너무나 복잡하여 이해하기 힘든 영역이라고 본 것입니다. 폰 노이만이 남긴 게임 이론은 복잡한 인생을 명쾌하게 풀어가기 위한 해답이라고 할 수 있습니다. 일견 해답이 없는 것처럼 보이는 사람들 사이의 문제라도 수학을 이용하면 합리적인 방법을 찾을

수학이 쉬워지는 최소한의 세계사

수 있다는 내용을 담고 있기 때문입니다. 그렇게 찾아낸 답이 비인도적이더라도, 때로는 악마라고 불리더라도 과학의 합리성을 추구하려 했던 폰 노이만다운 해법이라고 할 것입니다.

> ### 📌 역사를 바꾼 결정적 수학
>
> - 폰 노이만이 창시한 게임 이론은 여러 행위자가 저마다 최대한의 이익을 얻는 최적의 전략을 찾는 수학 이론이다.
> - 최소 극대화 정리란 최악의 경우에 발생하는 최대 손실을 최소화하는 전략이 가장 유리하다는 내용을 담고 있다.
> - 수학에서 출발한 게임 이론은 경제, 정치, 사회, 군사 등 다양한 분야에서 사람들의 행동을 설명하고 최적의 전략을 찾는 데 응용되고 있다.

1900년
주가 변동
수학 모델
등장

1900년대

1921년
케네스 애로
탄생

데이비드 게일
탄생

1923년
로이드 섀플리
탄생

1928년
존 내시
탄생

1929년
세계 대공황

1987년
블랙먼데이
주가 대폭락

1980년대
로스,
게일-섀플리
알고리즘을
사회 문제에
응용

1973년
블랙-숄즈
방정식 발표

1972년
애로,
노벨경제학상
수상

1989년
베를린 장벽
붕괴

1994년
내시,
노벨경제학상
수상

1997년
숄즈,
노벨경제학상
수상

수학으로
평화의 시대를 열다

1938년
피셔 블랙
탄생

1941년
마이런 숄즈
탄생

1945년
제2차 세계대전
종전

미국-소련
냉전 구도 형성

1949년
소련, 핵 실험
성공

게일과 섀플리,
프린스턴대학교
에서 만남

1950년
내시,
내시 균형
발표

1969년
블랙과 숄즈,
옵션 가격 이론
연구 시작

1962년
게일-섀플리
알고리즘 발표

1960년
게일,
섀플리에게
안정적인
결혼 문제
편지 발송

1951년
애로,
불가능성 정리
발표

2012년
섀플리,
노벨경제학상
수상

2000년대

제3차 세계대전을
막아낸 수학 이론

내시 균형이란 사람들이 자신이 처한 상황에서
최선을 다하고 있을 때 도달하는 일종의 '사회적 휴전' 상태다.

— 새뮤얼 바울스, 미국의 경제학자

1939년 독일이 폴란드를 침공하면서 시작된 제2차 세계
대전은 그로부터 6년 후 미국이 일본의 히로시마와 나가사키에
핵폭탄을 투하함으로써 연합국의 승리로 막을 내렸습니다. 그렇
게 다시 평화가 찾아오는 듯했으나 곧 새로운 문제가 불거집니다.
전쟁 이후 세계 질서를 개편하는 문제를 두고 승전국 사이에 은근
한 갈등이 시작된 것입니다. 결국 세계 대전의 종전에도 불구하고
공산주의를 내세우던 소련과 자본주의 노선을 취한 미국이라는
두 개의 초 강대국이 서로 날카롭게 대립하는 상황에 이릅니다.
이전의 전쟁처럼 직접적인 충돌은 없었지만 두 세력은 군비 경쟁,
우주 진출 등 다양한 분야에서 치열하게 경쟁했습니다. 이때부터

소련이 붕괴되는 1990년대 전까지의 시기를 냉전冷戰, Cold War이라고 부릅니다.

비록 미국과 소련이 물리적으로 맞부딪히지는 않았지만, 이 시기에 벌어진 두 나라의 대립에는 중대한 위험 요소가 존재했습니다. 바로 핵무기입니다. 제2차 세계대전이 종전할 때까지만 해도 미국은 맨해튼 프로젝트로 개발한 핵무기를 독점하고

▲존 내시 수학자인 존 내시가 정립한 게임 이론의 내시 균형 개념은 20세기 후반에 제3차 세계대전을 막는 데 기여했다.

있었습니다. 그런데 1949년에 소련 역시 핵 실험에 성공하면서 세계에서 가장 강대한 두 나라가 핵무기를 갖추게 됩니다. 덕분에 20세기 후반은 직접적인 충돌이 거의 없었음에도 핵무기에 의한 제3차 세계대전이 일어날 것이라는 우려가 짙게 드리워져 있었던 시기였습니다. 그러나 다행스럽게도 실제로 핵을 이용한 전쟁은 일어나지 않았는데, 이러한 아슬아슬한 평화 상태에는 게임 이론의 '내시 균형'이라는 개념이 크게 영향을 미쳤습니다. 이 이론을 정립한 공로로 수학자인 존 내시John Nash는 1994년에 노벨경제학상을 수상했지요.

교과서에 나오는 지식이나 탁상공론에 불과하게 느껴지는 수학 이론이 어떻게 세계대전을 막을 수 있었을까요? 지금부터 수학이 세계의 평화를 지켜낸 과정을 알아보겠습니다.

경쟁에도 한계가 있다

내시 균형이라는 용어가 다소 생소하게 느껴질 수 있지만, 사실 이 현상은 우리 주변에서 흔히 찾아볼 수 있습니다. 가장 가까운 예로 A와 B라는 두 상점이 가격으로 경쟁하는 사례를 생각해보겠습니다. 상품의 품질이 거의 비슷하다고 가정하면 보통은 가격이 더 낮은 쪽이 잘 팔리기 마련입니다. 만약 A가 가격을 내리면 손님은 A 상점의 물건을 구입할 것이므로 손님을 잃고 싶지 않다면 B 상점도 뒤따라 가격을 내릴 수밖에 없습니다. 하지만 지나치게 가격을 낮추면 이익을 남기지 못하므로 내릴 수 있는 가격에는 한계가 있습니다. 다시 말해서 상점 A가 한계까지 가격을 내렸다면 그 가격보다 더 인하하는 전략은 취할 수 없습니다. 이는 상점 B도 마찬가지이기 때문에 양측 모두 전략을 바꿀 수 없는 균형 상태에 이릅니다. 이처럼 가격이 일정한 선까지 내려오면 어느 시점에서 가격 인하 경쟁이 멈출 수밖에 없는 균형 상태가 발생하는데, 이를 가격 인하 경쟁에서의 내시 균형이라고 합니다. 만약 내시 균형 상태에서 벗어나 경쟁 상대를 이기려면 경쟁자가 파산하기를 기다리거나 고객에게 가격 이외의 장점을 보여주어야 합니다.

앞서 살펴본 폰 노이만이 초기에 제시한 게임 이론은 2인 제로섬 게임의 경우를 가정하지만, 내시 균형은 둘 이상이 참여한 게임에도 적용된다는 차이가 있습니다. 내시 균형의 대략적인 개념을 살펴보았으니 이제 수학적으로 내용을 분석해보겠습니다.

수학이 쉬워지는 최소한의 세계사

		상점 B	
		가격 인하 유지	가격 인상
상점 A	가격 인하 유지	둘 다 이익률 낮음	고객이 A로 이동
	가격 인상	고객이 B로 이동	둘 다 이익률 상승

자백할 것인가, 침묵할 것인가

게임 이론에서 가장 널리 알려져 있는 대표적인 문제는 '죄수의 딜레마'입니다. 이 사례는 두 명이 참가하는 넌제로섬 게임의 일종입니다. 양측이 얻는 손해와 이익의 합이 언제나 0이 되는 제로섬 게임과 대조적으로 넌제로섬 게임에서는 어느 한쪽이 이익을 얻는다고 해서 다른 한쪽이 반드시 손해를 보지는 않습니다. 게임에 참가한 모두가 이익을 얻을 수도 있고 상대방이 이익을 얻더라도 다른 한편이 별다른 손해를 보지 않을 수도 있습니다. 혹은 둘 모두가 손해를 볼 수도 있는데, 죄수의 딜레마는 바로 이 경우를 다룹니다.

강도 사건이 발생해서 총을 가지고 있던 용의자 A, B가 체포된 사례를 예로 들어서 생각해보겠습니다. 수사관은 두 용의자에게 강도죄를 자백시키기 위해 둘을 각각 다른 방으로 불러서 다음과 같은 거래를 제안합니다. 용의자 A와 B가 서로 의논하여 의견을 맞출 수 없는 상태일 때, 당신이 용의자 A라면 묵비권 행사와 자백하기 중 어느 쪽을 선택하겠습니까?

A		B	
		묵비	자백
A	묵비	A: 1년 B: 1년	A: 5년 B: 석방
	자백	A: 석방 B: 5년	A: 3년 B: 3년

이대로 계속 묵비권을 행사하면 불법 총기 소지로 두 사람 모두 징역 1년을 받을 거야. 여기서 강도죄가 밝혀지면 두 사람 모두 징역 3년을 받을 거고. 그래서 하는 말인데, 자네가 죄를 자백한다면 자네 동료는 징역 5년을 받겠지만 자네는 무죄가 될 걸세. 그러니 자백해서 수사에 협조하지 않겠나? 참고로 자네 동료에게도 같은 제안을 할 테니 어떻게 할지 잘 생각해보게.

　이러한 제안을 받았을 때 용의자 A, B가 취할 수 있는 선택지를 정리해보면 두 사람 모두에게 최적의 전략은 둘 모두가 묵비권을 행사하여 함께 징역 1년을 받는 것입니다. 그러나 A의 입장에서 생각했을 때 묵비권을 행사하면 최소 1년, 최대 5년의 형을 받고, 자백한다면 석방되거나 징역 3년을 받게 됩니다. 즉, 최소 극대화의 법칙에 따르면 자백을 했을 때 최대 손실이 가장 작습니다. 따라서 전략상 A는 자백할 때 형량이 더 가벼워지는데, 이는 B에게

A		B	
		자백을 유지	묵비로 변경
A	자백을 유지	A: 3년 B: 3년	A: 석방 B: 5년
	묵비로 변경	A: 5년 B: 석방	A: 1년 B: 1년

도 마찬가지입니다. 결과적으로 두 사람은 모두 자백을 선택할 것이고 싫어도 이 전략을 취할 수밖에 없습니다. 묵비권을 행사하는 방향으로 전략을 바꾸면 더욱 큰 손해를 보게 되기 때문입니다.

이렇게 각 개인이 합리적으로 선택했는데도 A와 B 양쪽 모두에게 바람직하지 않은 결과에 이르기 때문에 죄수의 딜레마를 사회적 딜레마라고도 부르기도 합니다. 또한 죄수의 딜레마에서 두 사람 모두가 자백하는 상황은 내시 균형이 이루어진 상태입니다. 다시 말해서 내시 균형은 단순히 참가자들이 자신에게 가장 유리한 선택을 내릴 때 형성되는 균형 상태만 의미하지는 않습니다. 더 정확히 말하면 자신이 전략을 바꾸더라도 더 높은 점수를 받을 수 없는 전략을 모든 참가자가 채택한 상황을 의미하는 것입니다. 이때는 자신만 전략을 바꾸면 오히려 손해를 보게 됩니다. 앞에서 살펴본 가격 경쟁을 하는 두 상점의 예에서도 둘 중 어느 한쪽이 가격을 인상하여 전략을 바꾸면 손님은 다른 가게로 발길을 돌릴 것이므로 자기만 손해를 보는 상황입니다. 죄수의 딜레마 역시 묵비권을 행사하는 것으로 전략을 바꾸면 자신의 형량만 늘어날 뿐입니다.

수학자인 존 내시는 어떻게 이러한 이론을 고안했으며, 이 이론은 20세기 후반의 세계 평화에 어떻게 기여했을까요? 먼저 내시의 삶을 돌아보며 그가 게임 이론을 연구한 과정을 짚어보겠습니다.

정신 분열에 시달린 천재 수학자

존 내시는 1928년에 미국 웨스트버지니아주에서 태어났으며, 일찍부터 수학에 흥미를 보여서 14세에 페르마의 정리를 자신만의 방법으로 증명했다고 합니다. 16세에 카네기멜런대학교 화학과에 입학했지만 교수의 권유로 전공을 바꾸어 수학을 공부하기 시작하면서 놀라운 천재성을 드러냈습니다. 19세에 석사 과정까지 마쳤을 정도입니다. 실제로 그를 지도했던 리처드 더핀Richard Duffin 교수는 박사 과정 추천서에서 내시를 "그는 수학 천재입니다"라는 단 한 줄로 소개했습니다.

내시가 게임 이론에 관심을 가지기 시작한 것은 아직 10대였던 1944년의 일이었습니다. 내시는 이때 폰 노이만과 모르겐슈테른의 공저 『게임 이론과 경제 행동』을 접하고 깊은 감명을 받아 게임 이론을 연구하게 됩니다. 이후 프린스턴대학교 수학과 박사 과정에 진학한 내시는 2년 만에 「비협력 게임」이라는 박사 학위 논문을 제출했는데, 여기에서 내시 균형이라는 개념이 최초로 등장

 수학이 쉬워지는 최소한의 세계사

CARNEGIE INSTITUTE OF TECHNOLOGY
SCHENLEY PARK
PITTSBURGH 13, PENNSYLVANIA

DEPARTMENT OF MATHEMATICS
COLLEGE OF ENGINEERING AND SCIENCE

February 11, 1948

Professor S. Lefschetz
Department of Mathematics
Princeton University
Princeton, N. J.

Dear Professor Lefschetz:

This is to recommend Mr. John F. Nash, Jr. who has applied for entrance to the graduate college at Princeton.

Mr. Nash is nineteen years old and is graduating from Carnegie Tech in June. He is a mathematical genius.

Yours sincerely,

Richard J. Duffin

RJD:hl

▲존 내시의 프린스턴대학교 입학 추천서 프린스턴대학교에서 공개한 존 내시의 대학 추천서. 내시는 시카고대학교, 미시간대학교, 하버드대학교에 합격했으며 결과적으로 프린스턴대학교에 장학생으로 입학했다.

합니다. 21세라는 젊은 나이에 세상을 바꿀 이론을 발표한 것입니다. 실제로 그는 30대 초반에 이미 수학자들의 노벨상이라고 하는 필즈상 수상 후보에 올랐지만 아직 젊다는 이유로 다른 사람에게 상이 돌아갔습니다. 수학계에서 가장 명예로운 상으로 손꼽히는 필즈상은 40세 이하의 젊은 수학자만 수상할 수 있기 때문에 내시는 다음 기회에도 충분히 수상할 수 있다고 여겨진 것입니다.

그러나 안타깝게도 이후로 그가 필즈상을 수상할 기회는 찾아오지 않았습니다. 놀라운 천재성의 이면에서 심각한 정신적 문제에 시달리고 있었기 때문입니다. 30세 무렵에는 연단에서 제대로 말을 이어가지 못하고 횡설수설하다가 강연이 취소될 정도였습니다. 그는 이때 조현병 진단을 받고 정신병원에 입원하기에 이릅니다. 다행히 이듬해에는 대학으로 복귀하여 다시 연구를 시작할 수 있었지만, 내시는 그 이후로도 수십 년 간 조현병의 후유증으로 생활에 지장을 겪었습니다. 이처럼 정신적으로 취약하면서도 일반인은 쉽게 이해하기 어려운 천재성을 지녔다는 양면성이 너무나 드라마틱했기 때문에 그의 생전에 전기 영화인 《뷰티풀 마인드》(2001)가 제작되었을 정도입니다.

미국과 소련이 결코 쓰지 않을 무기를 과시한 이유

박사 학위를 취득한 직후 내시는 미국의 군사 전략을 연구하는 랜드연구소에 자리를 잡았습니다. 랜드연구소는 제2차 세계대전 직후 설립된 민간 싱크탱크Think Tank로, 수학, 경제학, 공학 등 다양한 분야의 천재들이 모여 국가 안보, 핵 전략, 우주 개발 등 복잡한 문제에 해결책을 제시하는 곳이었습니다. 자연히 미국과 소련의 냉전 상황도 중요한 주제로 다루어졌습니다. 내시는 이곳에서 게임 이론을 군사 및 외교 전략에 응용하는 연구를 수행하면서 자신의 균형 이론을 더욱 정교하게 다듬었습니다.

수학이 쉬워지는 최소한의 세계사

		소련		
		핵 공격	핵 개발	핵 군축
미국	핵 공격	양국 피해	양국 피해	소련 피해
	핵 유지	양국 피해	위협 확대	미국 우위
	핵 군축	미국 피해	소련 우위	세계 평화

내시 균형이 제시한 평화 전략은 '싸우지 않으면서 핵을 유지하는 것'이었습니다. 양측 모두 상대방이 핵무기를 보유하고 있다는 사실을 알고 있었기에 어느 한쪽이 핵으로 선제공격을 시도할 경우 동일한 반격을 받으리라는 사실을 쉽게 예측할 수 있었습니다. 기존의 재래식 무기와 달리 핵무기로 인한 피해는 반영구적이었기 때문에 돌이킬 수 없는 피해를 입을 것이 자명했습니다. 그렇다고 핵을 개발하지 않고 군사력을 감축하면(군축) 상대방의 공격에 맞설 수 없어서 일방적으로 당할 수밖에 없습니다. 즉, 핵을 개발하여 보유하고 있는 것만으로 상대의 공격에 대응할 수 있을 뿐만 아니라 우위를 점할 가능성도 열려 있는 셈입니다.

이에 따라서 미국은 핵을 개발하되 공격하지 않는 전략을 선택했습니다. 소련에도 내시와 같은 연구자가 있었는지는 알 수 없지만 결과적으로는 미국과 같은 전략을 유지했습니다. 실제 역사에서는 수차례 핵무기가 사용될 뻔한 순간들이 있었지만, 결국 양측 모두 핵을 쓰지 않고 냉전기를 버텨냅니다. 말하자면 핵무기라는

막강한 전력 덕분에 내시 균형이 성립하면서 냉전이 제3차 세계
대전으로 번지지 않을 수 있었던 것입니다.

냉전이 종식되다

미국과 소련 사이에 직접적인 전투가 없었으므로, 냉전은 이전
까지의 전쟁과는 전혀 다른 방식으로 종식되었습니다. 그 단초는
소련의 경제적 불황에서 찾을 수 있습니다. 소련은 1960년대까지
높은 경제 성장률을 기록했지만 1970년대부터 조금씩 경제가 침
체되기 시작합니다. 이러한 상황에서도 미국과의 군비 경쟁을 포
기할 수 없어서 경제적인 부담은 더욱 커져가고 있었습니다. 또한
소련은 '소비에트 연방'이라는 이름처럼 공산주의를 표방하는 여
러 나라가 하나의 연방을 구성하고 있는 형태였는데, 동유럽 국가
에서는 독립에 대한 열망이 점차 강해지고 있었습니다.

이 상황을 타개하고자 1985년에 소련 공산당 중앙위원회의 서
기장으로 취임한 미하일 고르바초프Mikhail Gorbachev가 개혁 정책을
추진하면서 미국과의 관계를 개선하기 위해 노력합니다. 그러나
고르바초프의 개혁은 별 효과가 없었을 뿐만 아니라 오히려 소련
내부 상황을 더욱 악화시키기만 했습니다. 결국 1980년대 후반에
이르면 동유럽 지역의 국가들에서 민주화 혁명이 일어나면서 각
지의 친소련 정부가 붕괴되는 상황에 이릅니다.

이 상황을 상징적으로 보여주는 사건이 바로 1989년의 베를린
장벽 붕괴입니다. 제2차 세계대전의 패전국이었던 독일은 전후

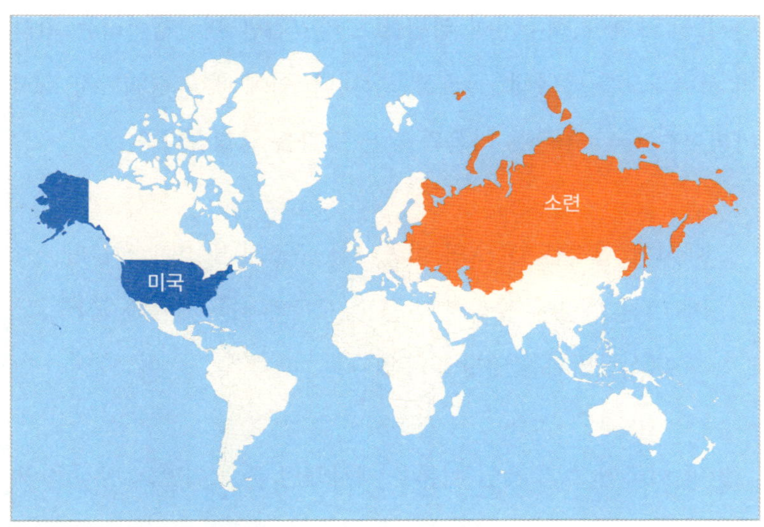

▲**냉전기 미국과 소련의 규모 비교** 소련은 약 15개 국가가 모여 구성한 연방으로, 당시 면적 기준으로 세계에서 가장 거대한 나라였다.

소련과 미국에 의해 각각 동독과 서독으로 나뉜 상태였으며, 수도였던 베를린 역시도 장벽에 의해 반으로 갈라져 있었습니다. 이렇게 냉전 시대를 상징하는 대표적인 건축물로 손꼽히던 베를린 장벽이 무너지면서 냉전이 끝나가고 있음을 보여준 것입니다.

결국 같은 해 12월, 미국의 부시 대통령과 소련의 고르바초프 서기장이 몰타 회담에서 냉전의 종식을 공식적으로 선언했습니다. 44년 동안 이어진 내시 균형에서 마침내 벗어난 것입니다. 앞에서 살펴본 두 상점의 예에 따르면 어느 한쪽이 파산한 상황, 즉 소련의 파산으로 내시 균형이 깨어졌다고 볼 수 있습니다.

내시의 수학 이론은 미국과 소련 양측이 핵 전력을 유지하게 하면서 전 세계에 핵무기의 위협을 드리웠지만 핵전쟁이라는 최악의 시나리오를 막아내는 데 성공합니다. 이에 대해 경제학자 로저 마이어슨Roger Myerson은 다음과 같은 평가를 남겼습니다.

> 내시의 업적은 DNA의 이중나선 구조의 발견이 생물학에 미친 영향에 필적할 만큼 경제학과 사회과학에 근본적이고 광범위한 영향을 주었다.

만약 미국이 초기 게임 이론을 제시했던 폰 노이만의 방식을 채택했다면 제2차 세계대전 이후에 곧바로 미국과 소련 간의 핵전쟁이 시작되었을지도 모릅니다. 수학자가 세계에 미치는 영향이 얼마나 큰지 알 수 있는 사례입니다.

📌 역사를 바꾼 결정적 수학

- 내시 균형의 대표적인 예시로 꼽히는 죄수의 딜레마는 각자가 최상의 전략을 선택했음에도 결과적으로 모두가 손해를 보게 되는 상황을 의미한다.
- 미국과 소련이 경쟁적으로 핵무기를 개발하되 사용하지 않는 냉전 상태는 전형적인 내시 균형 상태다.

완벽한 민주주의가
존재할 수 없는 이유

민주주의는 최악의 정치 형태입니다. 지금까지 시도되었던
다른 모든 형태의 정치 체제를 제외한다면 말입니다.

— 윈스턴 처칠, 영국의 前 총리

18세기 말 프랑스의 수학자 콩도르세는 다수결 제도에 본질상 모순이 존재할 수밖에 없다는 사실을 지적한 바 있습니다. 그로부터 약 150년이 지난 20세기에 이르러 콩도르세의 역설을 연구하던 어느 수학자는 놀라운 결론에 이릅니다. 바로 '완벽한 민주주의는 존재하지 않는다'라는 것입니다. 우리가 공정하다고 믿는 투표 제도나 의사결정 방식이 사실은 공정성이 부족하거나 합리적이지 않을 수 있다는 뜻입니다. '불가능성 정리'라고 알려진 이 발견은 사회과학계에 큰 충격을 주었습니다. 아무리 노력한들 사회에서 바람직하게 추구해야 할 공정성, 공평성과 같은 가치를 온전히 달성할 수 없다는 사실이 밝혀졌기 때문입니다.

이 사실을 증명해낸 수학자는 당시 20대에 불과했던 케네스 애로Kenneth Arrow입니다. 그는 경제적으로 힘든 학창시절을 보내면서 자신만의 방식으로 사회를 이해하려 노력했으며, 이를 수학적으로 정리해내는 데 성공합니다. 애로가 어떤 과정을 거쳐 민주적인 결정 방식에 의문을 갖고 이를 증명하기에 이르렀는지, 그의 삶을 돌아보며 생각을 따라가보겠습니다.

대공황을 경험하며 남다른 통찰을 얻다

케네스 애로는 1921년에 미국 뉴욕에서 루마니아계 유대인 이민자의 아들로 태어났습니다. 유년기에는 풍족한 중산층 가정에서 자녀 교육에 적극적인 부모의 보살핌을 받으며 자랐지만, 1929년 말에 미국을 중심으로 세계적인 대공황이 닥치면서 애로의 삶도 크게 일변합니다. 애로의 아버지가 전 재산을 잃으면서 이후 10년에 걸쳐 극빈 생활을 이어가야 했기 때문입니다. 애로가 뉴욕시립대학교에 진학한 이유도 학비가 무료였기 때문입니다. 당시에도 하버드, 예일, 프리스턴 등의 아이비리그 대학교는 학비가 매우 비쌌으며 유대인 입학을 일정 수준으로 제한하는 정책도 펼치고 있었습니다. 그래서 자질이 훌륭하지만 아이비리그에 갈 수 없는 형편의 학생들이 뉴욕시립대학교로 몰렸습니다.

이러한 성장 과정 덕분에 애로는 대학교에서 수학을 공부하면서도 한편으로는 사회의 불공평에 관심을 가졌습니다. 대공황의 여파로 힘든 시기를 보냈던 만큼, 수학이라는 추상적인 학문을 배

◀**1929년 주가 폭락 후 월스트리트에 모인 사람들** 대공황은 1929년에 미국에서 시작되어 1939년까지 전 세계적으로 심각한 불황을 가져왔다.

우면서도 구체적인 사회에 대한 의문을 버리지 못했던 것입니다. 젊었을 때는 사회주의에도 깊은 관심을 보였다고 합니다.

애로는 이후 컬럼비아대학교에서 수학 석사 과정을 밟으면서 통계학자이자 경제 이론가였던 해럴드 호텔링Harold Hotelling의 지도를 받습니다. 애로는 원래 보험 제도에서 사용되는 수학 및 통계학을 연구하고 있었는데, 호텔링은 애로에게 수학을 일반 경제 이론에 더 광범위하게 적용하는 방법을 연구해보라고 조언했습니다. 스승의 조언 덕분에 그는 이후로 사회 전체를 아우르는 이론에 관심을 가지게 됩니다.

애로는 석사를 취득한 후 제2차 세계대전 중에 미 육군 기상 장교로 복무하면서 기상 예측을 위한 수학 모델을 개발했습니다. 그는 이때 확률론과 통계학에 대한 지식을 더욱 깊이 탐구했으며, 전쟁이 끝난 후에는 박사 과정을 밟는 동시에 랜드연구소에서 일했습니다. 랜드연구소는 앞서 살펴본 존 내시가 근무했던 곳으로 미국의 국가 안보 및 정책 결정에 막대한 영향을 미친 연구 기관입니다. 애로는 이곳에서 군사 전략의 집단 의사결정 과정을 연구하면서 수학이 투표 제도와 자원 배분에 응용될 수 있다는 관점을 가지고 개인의 의견을 취합하는 방법을 다양하게 검토했습니다. 그리고 결국에는 어떤 의사결정 방식도 모든 개인의 의견을 완벽히 반영하지 못한다는 결론에 이르게 됩니다. 수학이라는 엄밀하고 정교한 도구를 바탕으로 사회에 대한 의문과 의사결정 연구가 더해져 혁명적인 발견에 이른 것입니다.

공정한 의사결정이 갖추어야 할 조건

불가능성 정리는 1951년에 발표한 애로의 박사 학위 논문인 「사회적 선택과 개인의 가치」에서 발표된 내용입니다. 사회의 역학 관계를 설명하는 이론을 고작 20대에 발표했다는 점에서 그의 통찰과 천재성을 엿볼 수 있습니다. 심지어 그의 논문을 검토한 심사 위원 중에 그의 논문 내용을 제대로 이해한 사람이 거의 없었다는 일화가 전해지는데, 그의 주장이 난해했기 때문이 아니라 애로가 주장을 증명하기 위해 사용했던 수학적 도구가 당대의 경제학자들에게 너무도 낯설었기 때문입니다. 이 논문은 애로가 그동안 갈고닦아온 세 가지 관점을 하나로 융합한 결정체로, 개인이

수학이 쉬워지는 최소한의 세계사

경제적, 사회적 선택을 내리는 상황을 설명하면서 '누구나 공평하다고 납득할 수 있는 완벽한 결정 방식은 존재하지 않는다'라고 단언합니다.

경제학계에 충격을 가져온 애로의 불가능성 정리가 무엇인지 살펴보겠습니다. 애로는 두 사람 이상의 투표자가 셋 이상의 선택지를 두고 투표할 때, 진정으로 공정하고 합리적인 의사결정 방식은 다음의 네 가지 조건을 모두 충족해야 한다는 전제를 세웠습니다.

① **전원일치** 모든 개인의 선호도가 같다면 집단 전체도 그것을 선호한다.

② **비독재성** 특정 개인의 의견이 집단의 선택을 독점해서는 안 된다.

③ **무관한 선택지로부터의 독립성** 다른 선택지 때문에 기존의 순위가 바뀌지 않는다.

④ **사회 선호의 합리성** 모든 선택지는 비교할 수 있고, 선호는 순환하지 않는다.

애로는 수학적 논리를 이용해 이 네 가지 조건을 동시에 만족시킬 수 없다는 점을 증명해냈습니다. 그의 정리에 '불가능성'이라는 이름이 붙은 이유입니다. 애로는 사회적인 문제를 수학적으로 분석하기 위해 선호도를 비교할 때 부등호 '>'와 비슷하게 생긴 '>'라는 휘어진 부등호 기호를 사용했습니다. 크기를 비교하는 것이 아니기에 수학적으로 사용하는 부등호와 구별하기 위함이었습니다. 예를 들어, 'a를 b보다 선호함'을 나타낼 때는 'a>b'라고 씁니다. 애로는 이 '>'기호와 더불어 수학에서 쓰이는 다양한 논리 기호를 사용함으로써 네 가지 조건을 수식으로 정리했습니다. 복잡하고 다면적으로 보이는 조건을 수학적으로 해석함으로써 불가능성의 정리를 증명한 것입니다.

우선 애로가 상정한 네 가지 조건을 더욱 깊이 이해하기 위해 a, b, c라는 세 가지 선택지가 있는 상태에서 두 사람 이상으로 이루어진 집단이 투표하는 상황을 예로 들어보겠습니다.

① **전원일치** 투표자 전원이 a에 투표했다면 집단의 선택 결과로 a가 뽑힌다.

② **비독재성** 특정한 사람이 b에 투표했다는 이유로 집단의 다른 구성원들의 투표와 무관하게 b가 선택되어서는 안 된다.

③ **무관한 선택지로부터의 독립성** a보다 b를 더 선호하는 상태라면, 선택지 c를 빼더라도 a보다 b를 더 선호한다는 사실은 달라지지 않는다.

④ **사회 선호의 합리성** a와 b, b와 c, a와 c를 각각 비교하여 선호에 우열을 매길 수 있으며 그 결과에 모순이 생기지 않는다.

이제 네 가지 조건을 바탕으로 가장 바람직한 의사결정 방식이 무엇인지 검토해보겠습니다.

합리적인 의사결정 방법은 존재하지 않는다

민주주의의 대표적인 의사결정 방식은 다수결입니다. 그러나 콩도르세의 역설을 설명하면서 다룬 마을 대표 선거의 예에서 보았듯, 때로는 투표자의 선호가 X>Y이면서 Y>Z이고 동시에 Z>X인 상황이 펼쳐집니다. 이 경우 X>Y>Z>X와 같이 선호가 순환하는 상태가 되어 불가능성 정리의 네 번째 조건인 사회 선호의 합리성에 반합니다. X가 Z보다 선호되면서 동시에 Z가 X보다 선호된다는 모순적인 상태가 되기 때문입니다. 따라서 애로의 조건에 따르면 다수결은 합리적인 의사결정 방식이라고 할 수 없습니다. 또한 이를 통해 불가능성의 정리가 콩도르세의 역설을 포함하고 있다는 사실도 알 수 있습니다.

다수결의 대안으로 자주 거론되는 방식은 보르다 투표제입니다. 18세기 프랑스의 수학자였던 장샤를 드 보르다Jean-Charles de Borda가 정리한 보르다 투표제에서는 투표자들이 후보에 대한 선호도에 따라서 1위부터 꼴찌까지 선호도를 정해 점수를 매깁니다. 세 가지 선택지가 있을 때 가장 마음에 드는 후보에 3점, 두 번째로 마음에 드는 후보에 2점, 그리고 마지막 순위에 1점을 매기는 방식입니다.

예를 들어 A, B, C, D, E라는 다섯 명의 의원이 예산을 어디에 사용할 것인지를 두고 토론하는 상황을 가정해보겠습니다. 예산의 사용처에 대하여 각 의원이 선호하는 순위가 다음과 같다면 보르다 투표제를 채택할 때 최종적으로 어디에 예산을 투입하게 될까요?

A : 농업 > 공업 > 어업　　B : 농업 > 공업 > 어업
C : 어업 > 농업 > 공업　　D : 공업 > 어업 > 농업
E : 공업 > 어업 > 농업

각 의원이 1위로 고른 선택지에 3점, 가장 마지막으로 고를 선택지에 1점을 준다고 했을 때, 점수를 집계하면 농업이 10점, 공업이 11점, 어업이 9점입니다. 결과적으로 공업 분야에 예산이 우선 분배된다는 의미입니다. 이제 셋 중에 최하위인 어업을 빼고 다시 한번 집계해보겠습니다. 기존의 선호도에서 어업을 제외하면 각 후보의 선호도는 다음과 같이 정리할 수 있습니다.

A : 농업 > 공업　　B : 농업 > 공업
C : 농업 > 공업　　D : 공업 > 농업　　E : 공업 > 농업

두 가지 중 하나를 고르는 상황이니 1위를 2점, 2위를 1점으로 계산하면 농업은 8점, 공업은 7점이 되어 최종적으로 농업이 선택됩니다. 즉, 어업이라는 선택지를 없애자 결과가 바뀐 것입니다.

수학이 쉬워지는 최소한의 세계사

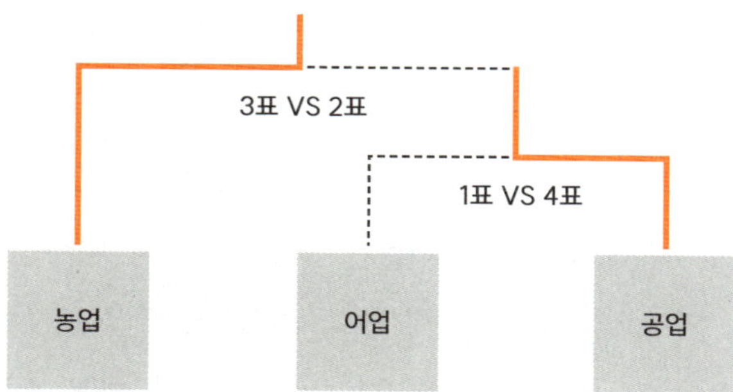

표 4-5 농업이 부전승으로 올라갈 때

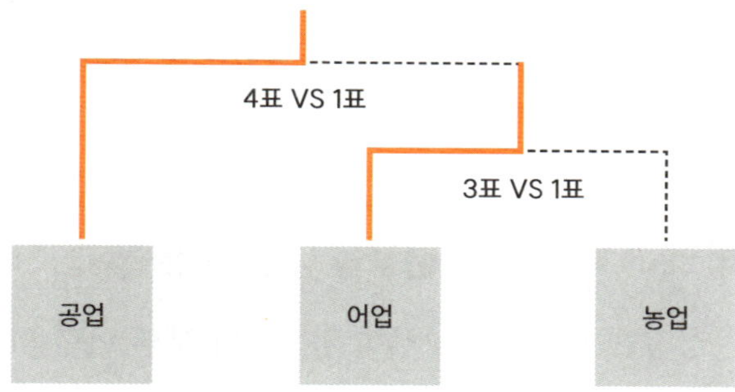

표 4-6 공업이 부전승으로 올라갈 때

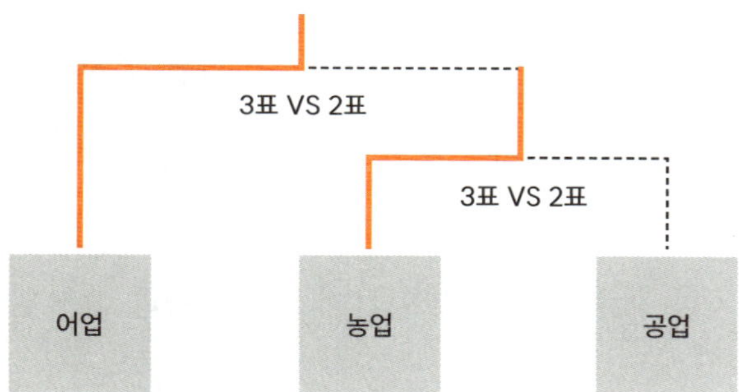

표 4-7 어업이 부전승으로 올라갈 때

이는 애로가 상정한 세 번째 조건인 무관한 선택지로부터의 독립성에 반하므로, 보르다 투표제도 완벽하게 합리적인 의사결정 방식이라고 하기 어렵습니다.

그렇다면 토너먼트 방식은 어떨까요? 앞에서도 살펴보았지만 토너먼트 방식은 대진표를 어떻게 구성하는지에 따라서 결과가 달라지는 일이 발생합니다. 세 가지 선택지가 있을 때 누가 부전승으로 올라가느냐에 따라 대진표를 세 가지로 짜볼 수 있는데, 이에 따르면 부전승으로 올라가는 쪽이 최종적으로 선택됩니다. 따라서 토너먼트 방식도 다른 선택지에 의해 순위가 바뀌므로 세 번째 조건인 무관한 선택지로부터의 독립성에 반한다는 결론에 이릅니다.

어떻게 해야 가장 좋은 결정을 내릴 수 있을까

애로가 상정한 조건을 하나하나 검토하다 보면 이런 의문이 들 것입니다. 만약 애로가 증명한 대로 어떤 의사결정 제도도 모두의 의견을 제대로 반영할 수 없다면, 어떤 경우에도 집단적으로는 합리적인 의사결정을 내릴 수 없는 것일까요? 실제로 애로의 불가능성 정리를 확대 해석하여 단순하게 받아들인 사람들은 '세상에 공정한 선거 제도는 없다', '모든 투표 방법에는 문제가 있다', '오류가 없는 결정은 결국 독재뿐이다'와 같은 결론에 이르기도 했습니다. 이러한 점을 잘 알고 있었던 애로는 다음과 같은 말을 남겼습니다.

수학이 쉬워지는 최소한의 세계사

대부분의 제도가 항상 문제를 일으키는 것은 아니다. 내가 증명한 것은, 어떤 제도든 제대로 작동하지 않을 때가 가끔은 있다는 사실이다.

즉, 다수결이나 보르다 규칙, 토너먼트와 같은 의사결정 방식이 항상 부적절하다는 뜻이 아니라, 지금까지 살펴본 것처럼 합리적으로 결정되지 않을 가능성이 있다는 점을 밝힌 것입니다. 대부분의 경우에는 지금 우리가 사용하는 방식으로도 충분히 합리적인 결정을 내릴 수 있습니다. 다수결이 다양한 영역에서 빈번하게 사용되고 있는 것을 보아도 알 수 있습니다.

그렇다면 다수결이 문제를 일으킬 때, 예를 들어서 다수결만으로는 결정이 내려지지 않는 상황에 맞닥뜨리면 어떻게 해야 할까요? 앞서 예로 든 예산 사용처 투표를 단순 다수결로 결정하려고 하면 농업 2표, 공업 2표, 어업 1표가 나와 결정을 내릴 수가 없습니다. 이때는 가장 적은 득표수를 얻은 어업을 제외하고 2차 투표를 실시하면 농업 3표, 공업 2표라는 결과를 얻어 최종적인 결정을 내릴 수 있습니다. 이처럼 1차 투표에서 한 가지로 좁혀지지 않을 때 상위 후보자만을 대상으로 2차 투표를 실시하는 방식을 결선 투표제라고 부릅니다. 즉, 추가적인 수단을 동원하여 문제를 해결하는 것입니다.

물론 앞의 보르다 투표제의 예시에서 살펴본 것처럼 어업이 후보에 있을 때와 없을 때는 전혀 다른 결과가 나옵니다. 공업에 표를 던졌던 사람이라면 무관한 선택지로부터의 독립성에 반하므로 합리성이 부족한 결정 방식이라고 비판할 수도 있습니다. 그러나 보르다 투표제를 이용해도 비슷한 문제는 발생할 수밖에 없고, 애로의 불가능성 정리에 의해 완벽히 합리적인 의사결정 방식은 존재하지 않는다는 사실이 증명되었으므로 가능한 범위에서 최선의 선택을 한다면 그것으로 충분합니다. 이것이 애로의 불가능성 정리가 우리에게 주는 교훈입니다.

한계 안에서 최선의 길을 찾는 법

불가능성 정리는 민주주의적 의사결정에 이론적인 한계가 존재할 수밖에 없다는 내용을 담고 있지만, 애로가 이를 수학적으로 증명한 이유는 민주주의 제도를 공격하기 위함이 아닙니다. 오히려 민주주의에 결여되어 있던 새로운 관점을 제공한 것입니다. 애로의 통찰 덕분에 완벽히 민주적인 의사결정 방식을 찾을 수는 없지만 적어도 최대한의 합리성을 갖춘 방법을 찾으려고 시도할 수 있기 때문입니다.

또한 박사 학위 논문을 발표했을 때의 나이가 매우 젊었던 덕분에 그는 자신이 제기한 문제를 해결하기 위한 연구에도 힘썼습니다. 그 결과 애로는 구체적인 의사결정 방식에 대해서는 언급하지 않았지만 '무관한 선택지로부터의 독립성'이라는 조건을 완화해야 한다고 밝혔으며, 의사결정 제도를 어떻게 설계하는지가 중요하다고 강조했습니다. 앞에서 살펴본 것처럼 다수결로 최종 결정

수학이 쉬워지는 최소한의 세계사

을 내리기 어려울 때 어떤 방법으로 최종 결정을 내릴 것인지 미리 정해두고 투표를 실시해야 한다고 제안한 것입니다.

사회를 깊이 이해한 수학자인 애로의 활약은 불가능성 정리에만 그치지 않았습니다. 그는 컬럼비아대학교 시절의 지도 교수였던 호텔링의 권유를 받아들여 경제학을 수학의 언어로 설명하고자 시도했고, 1954년에 현대 경제학의 기초가 되는 일반 균형 이론을 발표합니다. 이처럼 경제학 전반에 걸친 업적을 인정받아 애로는 1972년에 당시로서는 최연소로 노벨경제학상을 수상하기에 이릅니다.

이후에도 애로는 의료, 환경, 정치 등 다양한 분야를 수학적으로 분석한 결과를 내놓았습니다. 또한 후진 양성에도 힘써서 그의 제자 가운데 다섯 명이 노벨경제학상을 수상했습니다. 애로는 2017년에 95세의 나이로 사망할 때까지 연구를 계속하여 민주주의의 가능성을 넓히려 노력한 수학자였습니다.

 **역사를 바꾼 결정적 수학**

- 애로는 불가능성 정리를 통해 어떤 투표 제도를 선택해도 완벽하게 민주적인 결과를 도출할 수 없다는 사실을 증명해냈다.
- 애로의 불가능성 정리는 민주주의를 실현할 수 없다는 의미가 아니라, 어떤 제도를 선택해도 흠결이 존재하므로 현실적인 한계를 보완해나가야 한다는 의미를 담고 있다.

최고의
결혼 상대를 찾는 법

이 알고리즘은 단순한 수학적 유희가 아니라,
누군가의 생명을 구하고 아이들의
미래를 바꿀 수 있는 실용적인 도구입니다.

— 앨빈 로스, 미국의 경제학자

폰 노이만이 창시한 게임 이론은 경제학은 물론이고 정치학, 사회학, 심리학, 생물학, 컴퓨터과학 등 광범위한 영역에서 전략적이고 합리적인 의사결정을 찾는 데 사용됩니다. 1944년에 폰 노이만과 모르겐슈테른이 공저를 발표한 이후 1950년대는 게임 이론의 시대였다고 해도 과언이 아닙니다.

현대에 우리가 가장 쉽게 만나볼 수 있는 게임 이론 기술은 데이트 앱에서 볼 수 있는 매칭 알고리즘입니다. 이것만 보면 수학을 엉뚱한 곳에 사용한다고 여길 수도 있지만, 학생에게 맞는 학교를 배정하거나 장기 이식을 위한 기증자를 찾을 때도 같은 기술이 사용됩니다. 이처럼 자원이나 선택지가 한정적일 때 쌍방이 만

수학이 쉬워지는 최소한의 세계사

족하는 최적의 조합을 찾아주는 수학의 분과를 매칭 이론이라고 합니다. 흥미롭게도 매칭 이론의 토대를 닦은 미국의 두 수학자 데이비드 게일David Gale과 로이드 섀플리Lloyd Shapley는 결혼 상대를 고르는 문제를 풀다가 이 아이디어를 떠올렸다고 합니다. 지금부터 게일과 섀플리의 생애를 살펴보며 두 사람이 함께 고안한 게일-섀플리 알고리즘이 무엇이며 현대 사회에서 어떻게 이용되고 있는지 알아보겠습니다.

5,000킬로미터를 이어준 한 통의 편지

데이비드 게일은 1921년에 뉴욕에서 태어나 어린 시절부터 수학에 관심을 보였습니다. 게일은 프린스턴대학교에서 수학 박사 과정을 밟았는데 당시 그의 지도 교수는 죄수의 딜레마 문제를 고안한 수학자 알버트 터커Albert W. Tucker였습니다. 터커의 지도 아래서 게일은 게임 이론을 연구하여 1949년에 「유한 2인 게임의 해」라는 게임 이론 논문으로 박사 학위를 취득하기에 이릅니다. 그는 이후 프린스턴대학교에서 수학 강사로 일하면서 게임 이론 연구를 계속하다가 한 학생과 운명적인 만남을 가지게 됩니다. 바로 로이드 섀플리입니다.

로이드 섀플리는 게일보다 2년 늦은 1923년에 매사추세츠주 케임브리지에서 태어났습니다. 섀플리의 아버지가 우리 은하 안에서 태양계의 위치를 규명한 업적으로 유명한 천문학자 할로 섀플리Harlow Shapley였기 때문에, 어릴 때부터 논리적인 사고와 수학적 직관을 기르기에 최적의 환경에서 성장했습니다. 그는 하버드대학교 재학 중 제2차 세계대전에 징집되어 기상 관측병으로 근무하면서 수학이 실용적으로 활용될 수 있다는 사실을 체감했습니다. 그가 게임 이론에 관심을 가진 것은 학교에 복귀한 이후 폰 노이만과 모르겐슈테른의 공저 『게임 이론과 경제 행동』을 접하면서부터였습니다. 섀플리는 석사 학위를 취득한 이후 랜드연구소에서 근무했는데, 여기서 폰 노이만을 만나면서 프린스턴대학교로 옮겨 박사 과정을 밟으면서 수학 강사였던 데이비드 게일을 만나게 됩니다. 당시 두 사람은 이 만남의 무게를 실감하지 못했지만, 이때의 인연으로 게일과 섀플리는 장차 노벨상을 받게 될 매칭 이론으로 가는 첫 발을 내딛게 됩니다.

프린스턴대학교는 당대 게임 이론의 메카이자 수학 연구의 선두주자였으므로, 게임 이론에 관심을 가지고 있던 게일과 섀플리가 프린스턴대학교에서 운명적인 만남을 가지게 된 것도 우연은 아닙니다. 그러나 게일이 프린스턴에 머물렀던 것은 1년뿐이었고, 이후에는 미국 북동부 로드아일랜드주의 브라운대학교에서 수학을 가르치는 일을 맡게 됩니다. 섀플리 역시도 박사 학위를 취득한 이후에는 다시 미국 서부의 캘리포니아주에 있는 랜드연구소로 돌아가 근무를 계속했습니다. 즉, 게일과 섀플리는 직선거리로 약 5,000킬로미터나 떨어진 곳에서 각자 연구를 하고 있었던 것입니다.

1960년에 게일은 섀플리를 포함한 동료 수학자들에게 편지를

수학이 쉬워지는 최소한의 세계사

▲**브라운대학교와 랜드연구소의 위치** 매칭 이론 연구가 시작되던 시점에 게일과 섀플리는 북미 대륙의 양 끝에서 각자 연구를 하고 있었다.

보냅니다. 당시는 지금처럼 전 세계를 잇는 인터넷 연결망이 아직 존재하지 않았던 시기였기에, 멀리 떨어진 두 사람이 소식을 나누기 위해서는 편지를 주고받는 것이 거의 유일한 방법이었습니다. 그 편지에는 다음과 같은 질문이 담겨 있었습니다.

각자가 선호하는 순위를 반영해서 남녀 모두가 짝을 이루어 결혼하는 안정적인 해가 존재할 수 있는가?

이 편지가 게일과 섀플리 사이의 전환점이 되었습니다. 이 문제는 훗날 '안정적인 결혼 문제'라고 불리는데, 이 편지를 정오에 받은 섀플리는 당일 오후 4시에 답장을 써서 보냈다고 합니다. 게일이 연락한 수학자 중에서 제일 먼저 답을 보낸 것입니다. 이를 계기로 게일과 섀플리 사이에서 미국의 동서를 잇는 편지 교류가 시작되었고, 그로부터 2년 뒤에 공저로 「게일-섀플리 알고리즘」이라는 논문을 발표하기에 이릅니다. 매칭 이론의 토대이자 게일이 섀플리에게 보냈던 질문의 답을 담은 논문이었습니다.

사랑의 도피가 일어나지 않는 짝을 찾아서

게일이 낸 문제가 어떻게 매칭 이론의 알고리즘 수립으로 이어졌는지 간단한 예를 들어 살펴보겠습니다. 남성 네 명과 여성 네 명이 등록된 가상의 결혼 정보 회사에 남성 1, 2, 3, 4와 여성 A, B, C, D가 등록했는데, 저마다 이성에 대한 선호 순위가 다음과 같다고 가정하겠습니다.

남성 1 : A > C > B > D   여성 A : 1 > 4 > 3 > 2

남성 2 : A > C > D > B   여성 B : 4 > 3 > 2 > 1

남성 3 : B > D > A > C   여성 C : 2 > 1 > 4 > 3

남성 4 : C > D > A > B   여성 D : 3 > 4 > 2 > 1

현실에서는 결혼 상대를 선택할 때 수치화하기 어려운 많은 요소를 고려하지만 여기에서는 수학적으로 선호도를 단순화한 모델을 사용하겠습니다. 이때 어떤 방식으로 커플을 이어주어야 가장 안정적인 상태에 이를 수 있을까요?

이 문제를 본격적으로 풀기 전에 먼저 알아두어야 할 사항이 있

수학이 쉬워지는 최소한의 세계사

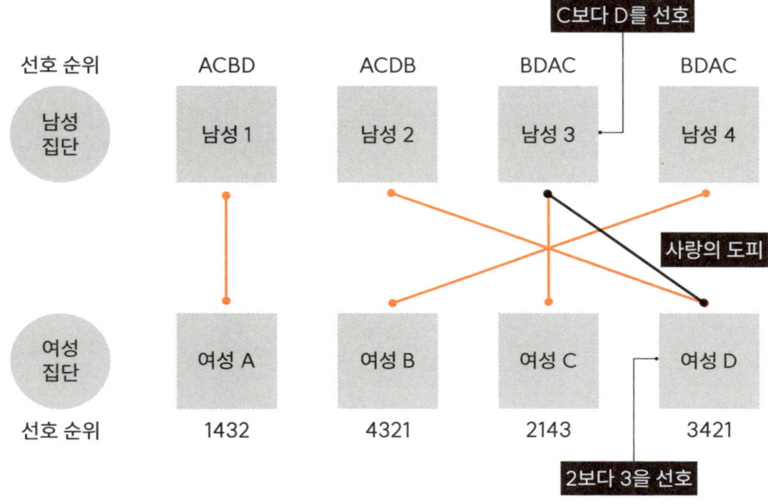

습니다. 여덟 명 전원이 완벽하게 만족하는 매칭은 존재하지 않는다는 점입니다. 선호 순위를 보면 남성 1과 남성 2가 가장 선호하는 여성이 A로 동일합니다. 즉, 모두가 가장 선호하는 이성과 짝이 될 수는 없습니다. 또한 '안정적'이라는 표현의 의미는 지금의 짝보다 더 좋아하는 사람이 없는 상태를 의미합니다. 만약 매칭된 상대보다 더 좋아하는 사람이 존재한다면 사랑의 도피를 할 가능성이 있기 때문에 불안정한 상태가 됩니다.

표 4-8은 불안정적인 매칭의 한 가지 예시입니다. 여기에서 남성 3은 여성 C와 커플이 되었지만, 여성 C는 그의 선호도에서 가장 마지막 순위에 있습니다. 만약 C 이외의 다른 여성과 커플이

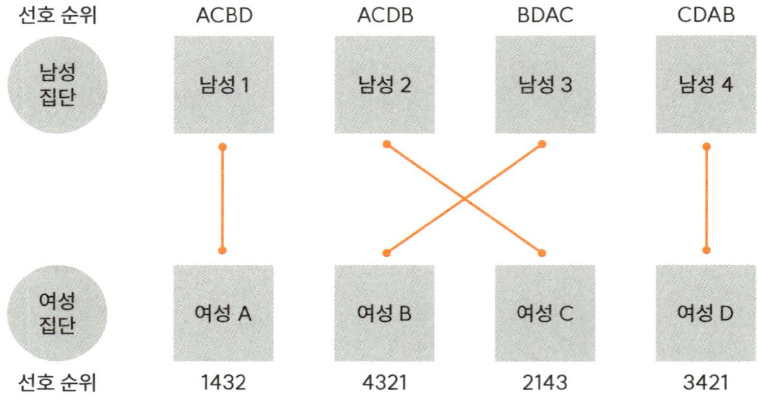

될 기회가 있다면 그쪽을 선택하고 싶은 상황일 것입니다. 또한 여성 D는 남성 2와 커플이 되었지만, D의 선호도를 고려했을 때 남성 3이나 남성 4와 커플이 될 기회가 있다면 그쪽을 선택할 것입니다. 따라서 이 경우에는 남성 3과 여성 D가 사랑의 도피를 할 가능성이 생깁니다.

안정적인 매칭을 이루는 표 4-9의 예를 보면 여성 B와 여성 D는 각각 2지망인 남성과 커플이 된 상태입니다. 이때 여성 B가 가장 선호하는 남성 4에게 고백하더라도 남성 4는 여성 B보다 더 선호하는 여성 D와 커플이므로 현상 유지를 선택할 것입니다. 마찬가지로 여성 D가 가장 선호하는 남성 3에게 고백해도 거절당할 것이므로 사랑의 도피를 할 가능성이 있는 커플이 만들어지지 않습니다. 즉, 여성 B와 여성 D 입장에서 가장 원하던 바는 아니지

수학이 쉬워지는 최소한의 세계사

만 안정적인 매칭 상태에 이른 것입니다.

게일-섀플리 알고리즘은 이처럼 각자의 마음이 엇갈리는 상황에서 안정적인 짝을 찾는 방법을 수학적으로 정리한 것입니다. 이 알고리즘의 규칙을 남성 입장에서 정리하면 다음과 같습니다.

① 남성이 선호 순위가 가장 높은 여성에게 고백한다.
② 여성이 여러 명에게서 고백받았을 경우, 가장 마음에 드는 남성을 보류하고 나머지는 거절한다.
③ 거절당한 남성은 다음으로 선호 순위가 높은 여성에게 고백한다.
④ 여성은 ②와 같은 방식으로 대응한다.
⑤ ③과 ④를 반복하여 모든 남성이 보류된 시점에서 매칭이 완료된다.

이 알고리즘을 사용하면 표 4-9의 안정적인 매칭 상태를 만들 수 있습니다. 위 규칙에 따라 차근차근 매칭을 진행하면 다음과 같습니다.

① 남성 1과 남성 2가 여성 A에게, 남성 3이 여성 B에게, 남성 4가 여성 C에게 고백한다.
② 여성 A는 남성 1을 보류하고 남성 2를 거절한다. 여성 B는 남성 3을, 여성 C는 남성 4를 보류한다.

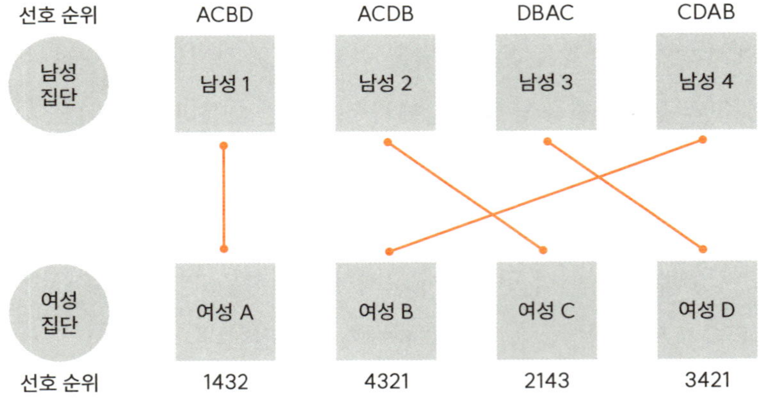

③ 남성 2는 두 번째로 높은 선호 순위를 지닌 여성 C에게 고백한다.

④ 여성 C는 현재 남성 4를 보류 중이다. 여성 C는 남성 2를 보류 중인 남성 4와 비교하여 더 높은 선호 순위를 지닌 남성 2를 보류하고 남성 4를 거절한다.

⑤ 남성 4가 여성 D에게 고백한다. 여성 D는 남성 4를 보류하고, 결국 모든 남성이 보류되어 안정적인 매칭이 완성된다.

앞의 예는 남성 입장에서 매칭할 때의 사례이지만 여성 입장으로 바꾸어도 방법은 마찬가지입니다. 그러나 주체를 바꾸면 매칭의 결과도 달라집니다.

수학이 쉬워지는 최소한의 세계사

이처럼 게일-섀플리 알고리즘은 최대 16(=4×4)번의 시도로 안정적인 매칭을 만들 수 있는 효율적인 알고리즘입니다. 처음에는 안정적인 결혼 문제의 해답으로 제시되었지만 1980년대 이후 놀랄 만큼 다양한 분야에서 응용되기 시작합니다.

경제학자가 찾아낸 알고리즘의 쓸모

처음 게일-섀플리 알고리즘 논문이 발표되었을 당시에는 대부분의 사람들이 이 논문의 중요성을 알아보지 못했습니다. 흥미로운 내용이기는 했지만 현실적으로 활용할 영역을 찾지 못했기 때문입니다. 이 게일-섀플리 알고리즘을 찾아내고 본격적으로 매칭 이론을 발전시킨 사람은 미국의 경제학자 앨빈 로스Alvin Roth입니다.

1950년대부터 미국에서는 의과대학원을 졸업하는 학생들이 레지던트로 근무할 병원을 이어주는 레지던트 매칭 프로그램을 운영하고 있었습니다. 이 프로그램이 운영되기 전에는 의과 대학원을 졸업하는 학생들이 스스로 근무할 병원을 찾아다니며 지원하는 과정을 거쳐야 했는데, 이 과정에 워낙 긴 시간이 소요되기 때문에 대학원을 졸업하기 몇 년 전부터 지원서를 접수해야 하는 경우도 있었습니다. 병원 입장에서도 학생의 자질을 평가할 수 없는 상황에서 채용 여부를 결정해야 했고, 채용이 확정된 뒤에도 학생이 그곳에서 근무하기를 원치 않으면 생기는 공석을 효율적으로 채울 수 없었습니다. 이러한 이유로 레지던트 매칭 프로그램은 학생과 병원 모두에게 환영받으며 제도적으로 빠르게 안착했습니다.

앨빈 로스는 이 프로그램의 매칭 규칙이 게일-섀플리 알고리즘과 거의 같다는 사실을 발견하고 이 알고리즘이 레지던트 취직 문제와 같은 시장의 실패를 극복하는 열쇠가 될 수 있음을 깨달았습니다. 로스는 1984년에 「의과 인턴 및 레지던트를 위한 노동 시장의 진화: 게임 이론을 통한 사례 연구」라는 논문을 발표하여 매칭 이론을 본격적으로 발전시킵니다. 또한 공립학교 배정, 장기 이식과 같은 중대한 문제에서 매칭 이론을 활용하는 방법을 연구하는 데까지 나아갔습니다. 게일이 섀플리에게 보낸 편지에 담겨 있던 안정적인 결혼 문제가 현실 사회의 여러 문제를 해결하는 열쇠가 된 것입니다.

게일과 섀플리는 1962년에 논문을 발표한 뒤 각자의 길을 걸었습니다. 게일은 수학 교육 분야에서 공헌을 이어 갔고, 섀플리는 매칭 이론을 더욱 발전시키기 위해 연구에 매진했습니다. 로스에 의해 게일-섀플리 알고리즘의 가능성이 세계에 알려지면서 2012년에 섀플리와 로스는 노벨경제학상을 받기에 이릅니다.

스웨덴 한림원은 노벨경제학상 시상 연설에서 공식적으로 데이비드 게일의 공로를 인정했습니다. 또한 일반적으로 노벨상이 살아 있는 학자에게만 주어진다는 점을 고려하면 이례적으로 데이비드 게일이 살아 있었다면 당연히 공동 수상자가 되었을 것임을 시사하기도 했습니다. 실제로 게일의 유족이 시상식에 초대되었으며, 이때 섀플리는 다음과 같이 동료를 추모했습니다.

이 영광을 데이비드와 나눌 수 없다는 것이 유일하게 안
타까운 일이다.

프린스턴대학교에서 기적적인 '매칭'이 이루어지고, 5,000킬로
미터를 이어준 편지가 이어주던 두 사람의 아름다운 우정이 그 말
한마디에 담겨 있습니다.

 **역사를 바꾼 결정적 수학**

- 게일-섀플리 알고리즘은 양측의 선호 순위에 따라 안정적인
  짝을 찾게 해준다.
- 경제학자 앨빈 로스는 게일-섀플리 알고리즘을 장기 이식,
  학교 배정 등 매칭이 필요한 다양한 분야에 적용하는 방법을
  고안했다.

수학으로
주가 변동을 예측하다

블랙-숄즈 공식은 금융의 역사에서 가장
정교한 이론이며 월스트리트의 마술 지팡이였다.

— 폴 새뮤얼슨, 미국의 경제학자

은행으로 대표되는 금융 시장에서는 돈이나 돈을 벌 수 있는 권리가 거래됩니다. 가장 단순한 금융 상품은 예금과 적금으로, 은행은 예적금을 통해 맡은 돈을 자금이 필요한 사람들에게 빌려줌으로써 이자를 얻고 돈을 맡긴 사람들에게도 나누어줍니다. 그러나 예적금에서 얻을 수 있는 이자는 적기 때문에 위험을 감수할 의향이 있는 투자자들은 주식이나 채권, 옵션 등의 다른 금융 상품으로 눈을 돌리는데, 그중에서도 옵션거래는 상당히 복잡한 투자 상품에 속합니다. 미래의 정해진 시기에, 미리 정해진 가격으로 특정 주식이나 채권 등을 매매할 '권리'를 거래하는 상품이기 때문입니다.

옵션거래에서는 가격 설정이 핵심입니다. 가격을 산정하려면 예측 불가능한 미래의 주가 변동을 고려해야 하기 때문입니다. 그러나 하루에도 몇 번씩이나 오르락내리락하는 주식 가격을 예측하기란 사실상 불가능에 가깝기 때문에 초기에 금융업계에서는 투자자들의 경험과 감에 의해서 옵션 가격을 결정했습니다. 가격표를 알 수 없는 상품을 거래하는 것이나 마찬가지인 상황이었습니다.

그러던 중 1973년에 블랙-숄즈 방정식이 금융업계의 구세주로 등장합니다. 수리물리학을 연구하던 경제학자 피셔 블랙Fischer Black과 마이런 숄즈Myron Scholes가 발표한 방정식으로, 미래의 주가 변동을 확률적으로 계산하는 공식이었습니다. 이 공식이 없었더라면 금융 시장은 지금처럼 발전할 수 없었을 것이라는 평이 있을 만큼 혁명적인 사건이었습니다. 이 방정식은 두 경제학자에 의해 만들어졌지만 그 배경에는 식물학자와 물리학자, 수학자 들의 공헌이 있었습니다. 지금부터 다소 생소하게 느껴지는 옵션거래의 개념을 설명하고, 블랙-숄즈 방정식이 무엇이며 어떻게 탄생했는지 살펴보겠습니다.

2,600년 전에 등장한 사상 최초의 옵션거래

기록으로 남아 있는 세계 최초의 옵션거래는 아리스토텔레스의 저서 『정치학』에 등장하는 기원전 6세기경의 철학자 탈레스의 사례입니다. 탈레스는 비록 철학자라고 불리기는 하지만 세상을

신화적으로 설명하던 기존의 세계관에서 벗어나 자연을 이성적
으로 탐구하고 관찰한 최초의 철학자이며 처음으로 수학적 증명
을 해낸 최초의 수학자이기도 합니다. 탈레스와 관련해서는 여러
흥미로운 일화가 많이 남아 있는데, 그중 경제학을 배울 때 자주
등장하는 이야기가 있습니다. 평소 검소하게 살아가던 그는 '탈레
스가 가난한 것을 보니 철학은 영 쓸모 없는 학문이다'라는 비난
을 듣고 자신이 아는 지식으로 돈을 벌어보기로 결심합니다. 탈레
스는 지난 몇 년간 지중해 지역의 기상이 좋지 않아 올리브 농사
가 흉작이었다는 데 주목합니다. 그는 천문학에도 조예가 깊었기
때문에 이듬해 올리브 농사가 대풍이 될 것을 예측하고 미리 겨울
에 그 지역의 압착기를 이용할 권리를 모두 사들였습니다. 가을이
되자 탈레스의 짐작대로 그해의 올리브 농사는 대풍이어서 많은
사람이 올리브에서 기름을 짜기 위해 압착기를 찾았지만, 그 지역
의 압착기를 사용할 권리는 모두 탈레스가 사들인 뒤였습니다. 압
착기로 기름을 짜내지 않으면 그 많은 올리브가 썩게 될 것이므로
사람들은 울며 겨자먹기로 그가 부르는 대로 값을 지불할 수밖에
없었습니다.

이 사례에서 탈레스는 올리브 압착기를 사용할 '권리'를 미리
사두고 일정 기간이 지난 후 그 권리를 행사해 큰돈을 벌었습니
다. 전형적인 옵션거래의 사례로 오늘날에는 이를 콜옵션^{call option}
이라고 부릅니다. 옵션거래는 크게 두 가지로 나뉘는데, 미래의
어느 시점에 미리 정한 가격으로 특정 자산을 '살 수 있는' 권리를

콜옵션, '팔 수 있는' 권리를 풋옵션put option이라고 합니다. 콜옵션은 미래에 어떤 자산의 가격이 갑자기 올랐을 때에도 미리 정해두었던 가격으로 살 수 있기 때문에 급격한 가격 상승에 대비할 수 있으며, 풋옵션은 미래에 내가 팔 물건의 가격이 갑자기 떨어지더라도 미리 정해두었던 가격으로 팔 수 있기 때문에 급격한 가격 하락에 대비할 수 있다는 장점이 있습니다. 이 책에서는 간략하게 콜옵션에 대해서만 다루도록 하겠습니다.

오늘날 우리가 생각하는 것과 같은 옵션거래는 1973년에 시카고옵션거래소에서 주식에 대한 콜옵션을 상장하면서 시작되었습니다. 그 이전에도 탈레스처럼 미래의 어느 시점에 미리 정한 가격으로 자산을 사고파는 일은 종종 있었지만 정식으로 거래소에서 옵션이 거래되기 시작한 지는 고작 50년이 조금 넘었을 뿐입니다.

미래의 주식 가격을 예측하는 방정식

옵션거래를 쉽게 이해하기 위해 A사의 주식에 대해 다음과 같이 콜옵션이 설정되어 있다고 해보겠습니다.

현재 주가: 1만 원

콜옵션 행사 가격: 1만 원

옵션 가격: 1,000원

권리 행사 기한: 60일

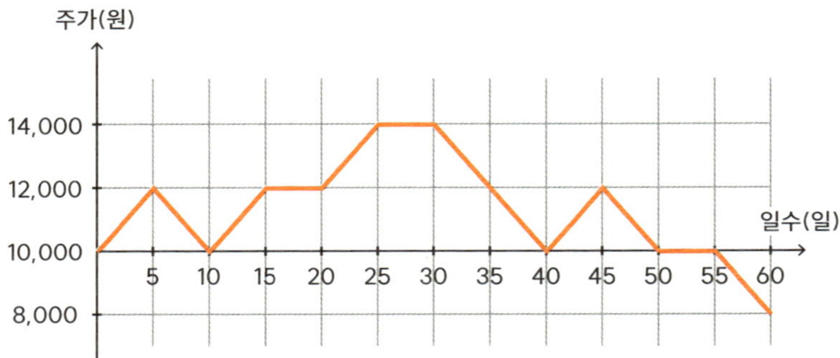

이는 옵션 가격 1,000원을 지불함으로써 두 달 이내(60일 이내)에 A사의 주식을 1만 원에 살 수 있는 권리를 가진 상품입니다. 1주분의 매수 권리를 샀다고 하고, 5일마다 A사의 주가가 다음과 같이 변동할 때의 손익을 알아보겠습니다.

30일 후 A사의 주가가 1만 4,000원으로 올랐을 때 권리를 행사하면 시장 가격이 1만 4,000원인 주식을 1만 원에 살 수 있으므로 4,000원의 이익을 얻습니다. 다만 미리 옵션 가격을 지불했기 때문에 실제 이익은 3,000원(4,000-1,000)이 될 것입니다. 그리고 만기가 되는 60일 후에 A사의 주가가 8,000원으로 떨어졌을 때 권리를 행사하면 시장 가격이 8,000원인 주식을 1만 원에 사게 됩니다. 권리를 행사하여 주식을 구매하면 손해만 보게 되므로 이 경우에는 권리를 포기할 수 있습니다. 이때는 미리 옵션 가격으로 지불한 1,000원만큼만 손해를 보게 됩니다.

옵션을 구매하지 않고 처음에 1만 원에 A사의 주식을 샀다면

30일 후에는 4,000원의 이익을, 60일 후에는 2,000원의 손해를 볼 것입니다. 이와 비교하면 옵션은 주가가 올랐을 경우에는 이익에서 1,000원이 차감되는 대신 주가가 떨어질 경우의 손실이 1,000원으로 제한된다는 사실을 알 수 있습니다. 옵션이 급격한 변동에 대한 보험과 같은 역할을 하는 것입니다.

앞의 예시에서는 계산하기 쉽도록 옵션 가격을 임의로 1,000원으로 설정했지만, 실제로 옵션 가격을 책정하는 것은 매우 어렵습니다. 권리 행사 기간 동안 주가가 어떻게 달라질지 예측할 수 없을 뿐만 아니라 옵션 가격이 너무 높으면 매수자가 과도한 비용을 부담해야 하고, 옵션 가격이 너무 낮으면 매도자가 크게 손해를 보기 때문입니다. 이러한 불안전성 때문에 실제로 초기 시장에서 옵션 가격은 자주 고평가되는 경향이 있었습니다. 피셔 블랙과 마이런 숄즈는 이처럼 예측 불가능한 미래의 가능성을 반영한 옵션 가격을 합리적으로 도출하는 방법을 수학적으로 정리해냈습니다. 두 사람이 만든 블랙-숄즈 방정식은 다음과 같은 형태로 표현됩니다.

$$C = S \times N(d_1) - K \times e^{-rT} \times N(d_2)$$

이 방정식에서 C는 옵션 가격, S는 현재 주가, K는 콜옵션 행사 가격, T는 권리 행사 기한을 나타냅니다. $N(d_1)$, $N(d_2)$는 주가의 변동성을 의미하는데, 주로 과거 수익률에 정규분포를 적용한 수

치입니다. e는 자연로그의 밑으로 약 2.7에 해당하는 수치이며, r
은 무위험 이자율이라고 하여 단기 국채처럼 이론적으로 전혀 위
험이 없는 투자에서 얻을 수 있는 수익률을 의미합니다.

이 방정식의 의미는 뒤에서 차근차근 살펴보기로 하고, 우선은
이 방정식을 앞서 현재 주가가 1만 원인 주식의 콜옵션 사례에 적
용하여 적정 옵션 가격을 산정해보겠습니다. A사의 주가 변동 상
황과 일본의 국채 수익률 평균치(2025년 1월 기준)를 방정식에 대입
하면 옵션의 적정 가격은 약 330원이 나옵니다. 그런데 위 사례에
서는 옵션 가격이 무려 1,000원에 달합니다. 매수자가 손해 볼 확
률이 매우 높게 설정된 가격이라는 뜻입니다. 만약 이 방정식을
알고 있었다면 이처럼 이익을 얻기 힘든 거래에는 선뜻 손대지 않
았을 것입니다. 옵션거래를 할 정도로 투자에 능숙한 사람이라면
더욱 그렇습니다.

블랙-숄즈 방정식을 담은 논문은 최초의 옵션거래소인 시카고
옵션거래소가 문을 열었던 1973년에 발표되었습니다. 현실의 옵
션거래에 블랙-숄즈 방정식이 활용되기까지는 시간이 더 걸렸지
만, 이 방정식이 옵션거래에 미친 영향은 지대합니다. 주가의 변
동뿐만 아니라 미래의 돈의 가치를 현재 가치로 치환하고 권리를
포기한다는 선택지도 고려하는, 매우 정교하게 설계된 방정식이
기 때문입니다. 그런데 이 방정식의 근간이 되는 이론은 뜻밖에도
약 150년 전, 스코틀랜드의 어느 식물학자의 연구에서 시작되었
습니다.

수학이 쉬워지는 최소한의 세계사

▲**시카고옵션거래소** 1973년 4월 시카고옵션거래소의 최초 개장을 기다리고 있는 트레이더들.

비틀대는 취객의 움직임을 설명하는 수학 이론

1827년경 스코틀랜드의 식물학자 로버트 브라운Robert Brown은 나중에 '브라운 운동'이라는 이름이 붙게 될 꽃가루의 불규칙한 움직임을 발견했습니다. 식물의 수정 과정을 연구하기 위해 물에 꽃가루를 띄우자, 꽃가루의 작은 입자가 물 위를 끊임없이 불규칙적으로 운동하는 현상이 나타난 것입니다. 이전에도 유사한 현상이 관찰되었으나 다른 학자들은 그것이 작은 생명체들의 활동이라고 여겨서 따로 연구할 필요성을 느끼지 못했습니다. 그러나 브라운은 꽃가루뿐만 아니라 미세한 무기물 입자도 비슷한 움직임을 보인다는 사실을 알아냈고, 그로부터 약 90년이 지난 1908년에 알베르트 아인슈타인이 브라운 운동을 수학적으로 설명하는

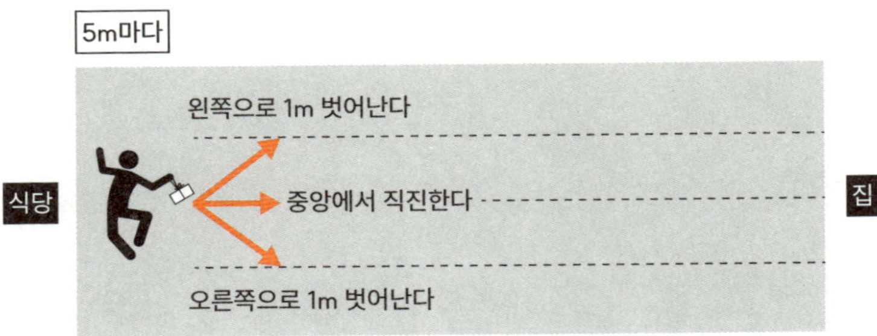

공식을 정리합니다.

이러한 브라운의 발견과 아인슈타인의 정리에서 랜덤 워크 random walk라는 수학 이론이 탄생합니다. 말 그대로 무작위로 움직이는 모습을 수학적으로 표현한 것인데, 다음 순간에 어디로 움직일지 모른다는 특성에 기인해서 취객의 걸음걸이에 비유됩니다. 예를 들어, 취객이 식당에서 직선거리로 60미터 떨어진 집까지 가

수학이 쉬워지는 최소한의 세계사

는 상황을 생각해보겠습니다. 비틀거리며 걷는 취객은 5미터마다 일정한 확률로 중앙에서 직진하거나, 왼쪽으로 1미터 벗어나거나, 오른쪽으로 1미터 벗어납니다. 이때 집에 무사히 돌아가는 경우를 포함하여 취객이 각 지점에 도착할 확률을 정리하여 막대의 길이로 나타낸 것이 표 4-14입니다. 최종적으로 집에 도착할 확률이 가장 높고 목표 지점에서 멀어질수록 확률이 낮아지면서 전반적으로 정규분포에 가까운 형태를 그린다는 사실을 알 수 있습니다. 또한 랜덤 워크 이론에 따라 취객이 실제로 갈 가능성이 높은 길을 표시한 표 4-13의 굵은 선과 표 4-14 그래프는 형태가 같습니다.

1900년에 프랑스의 수학자 루이 바슐리에Louis Bachelier가 랜덤 워크 이론을 주가 변동 모델에 활용할 수 있다는 아이디어를 떠올리고 박사 학위 논문인 「투기론」에서 옵션 가격을 평가하기 위해 랜덤 워크 확률론을 사용했습니다. 이 업적으로 수학자인 바슐리에는 수리 금융의 창시자로 여겨지며, 궁극적으로는 블랙-숄즈 방정식의 탄생에 기여합니다.

이후 확률론이 발전하면서 랜덤 워크 이론도 점차 정교하게 다듬어졌습니다. 20세기 후반에 접어들면 경제학자들이 바슐리에의 아이디어를 이어받아 주가 변동을 수식으로 나타내기 위해 분투합니다. 금융 시장의 여러 요인을 고려하여 옵션 가격을 산출하는 공식을 찾아내려 시도하는데, 이때 고려된 대표적인 요인이 주가 변동성과 무위험 이자율(단기 국채 등의 금리)입니다. 앞에서 살

도착 지점(m)	확률(%)
왼쪽으로 12	0.0002
왼쪽으로 11	0.0023
왼쪽으로 10	0.0147
왼쪽으로 9	0.0662
왼쪽으로 8	0.2298
왼쪽으로 7	0.6458
왼쪽으로 6	1.5193
왼쪽으로 5	3.0551
왼쪽으로 4	5.3278
왼쪽으로 3	8.1386
왼쪽으로 2	10.9660
왼쪽으로 1	13.0920
집	13.8847
오른쪽으로 1	13.0920
오른쪽으로 2	10.9660
오른쪽으로 3	8.1386
오른쪽으로 4	5.3278
오른쪽으로 5	3.0551
오른쪽으로 6	1.5193
오른쪽으로 7	0.6458
오른쪽으로 8	0.2298
오른쪽으로 9	0.0662
오른쪽으로 10	0.0147
오른쪽으로 11	0.0023
오른쪽으로 12	0.0002

수학이 쉬워지는 최소한의 세계사

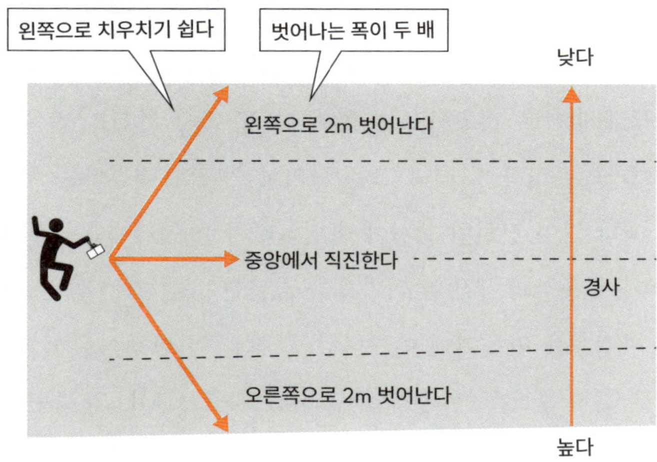

펴본 취객의 랜덤 워크에 비유하면 변동성은 중앙에서 벗어나는 폭을 의미합니다. 변동성이 커지면 5미터마다 벗어나는 폭이 커지는 것입니다. 기존에는 왼쪽 또는 오른쪽으로 1미터를 움직였다면 변동성이 커질 경우 2미터까지 폭이 늘어날 수도 있습니다. 무위험 이자율은 취객이 지나가는 길의 경사와 같은 것입니다. 만약 취객이 걸어가는 길이 한쪽으로 기울어져 있다면 취객의 움직임 역시 경사도를 따라 치우치게 될 것입니다.

그러나 고려 요인이 다양해질수록 옵션 가격을 구하는 식은 점점 더 복잡해졌고, 그만큼 공식의 실용성이 하락하는 문제가 있었습니다. 바로 이때 피셔 블랙이 옵션 가격을 구하는 방정식을 정리하는 데 도전합니다.

수학에도 한계는 있다

장차 전 세계 파생 금융 상품 시장을 수십 조 달러 규모로 성장시키는 토대가 된 방정식의 초안을 만든 피셔 블랙은 하버드대학교에서 물리학을 전공하고 응용수학으로 박사 학위를 받은 수리물리학자였습니다. 그러나 그는 물리학 연구에 매진하는 대신 학계를 떠나 경영 컨설팅 회사에서 일하다가 1969년에 31세의 나이로 주가 변동성과 무위험 이자율을 감안한 옵션 가격을 산출하는 미분 방정식을 만들기에 이릅니다. 그러나 이 방정식을 만들기는 했어도 혼자 힘으로는 풀어낼 수 없었던 그는 MIT의 젊은 경제학 조교수였던 마이런 숄즈에게 조언을 구했습니다. 숄즈는 블랙의 아이디어에 큰 흥미를 느끼고 공동 연구에 착수하여 방정식의 해를 찾아냅니다.

이렇게 만들어진 블랙-숄즈 방정식은 1987년에 주식 시장이 하루 아침에 붕괴했던 블랙 먼데이Black Monday의 주요 원인 중 한 가지로 지목되었을 정도로 엄청난 영향을 미쳤습니다. 그러나 1970년에 두 사람이 처음으로 논문을 투고했을 당시의 반응은 차가웠습니다. 논문을 투고했던 경제 학술지는 블랙-숄즈 방정식이 경제 이론이 아니라 수학의 응용 분야라는 이유로 게재를 거절합니다. 하지만 블랙과 숄즈는 포기하지 않고 경제학자의 조언을 받아 논문을 퇴고하고 제목까지 바꾸어 1973년에 논문을 발표하는 데 성공했습니다. 공교롭게도 이 논문이 발표된 시점은 시카고옵션거래소가 문을 연 지 한 달 뒤였는데, 금융업계는 곧바로 이 논

수학이 쉬워지는 최소한의 세계사

문의 가치를 깨닫고 방정식을 옵션 가격 설정에 이용하기 시작했습니다. 결과적으로 옵션거래 시장이 폭발적으로 성장했고, 숄즈는 방정식이 시장에 미친 막대한 영향을 인정받아 1997년에 노벨경제학상을 수상합니다. 블랙은 1995년 후두암으로 사망했기 때문에 수상하지 못했지만, 스웨덴 한림원에서는 마이런 숄즈의 수상 소식을 발표하면서 블랙의 공로를 함께 언급했습니다.

하지만 블랙-숄즈 방정식은 어디까지나 수학적 모델에 불과하여 현실을 정확하게 묘사하지는 못합니다. 대표적인 예로 2020년 2월에 코로나19 바이러스로 인해 발생한 주가 대폭락 사태를 들 수 있습니다. 당시 약 두 달 동안 전 세계 주식 시장에서 주가가 20~30퍼센트 하락했는데, 이는 기존의 방정식으로는 전혀 예측할 수 없는 사태였습니다. 블랙-숄즈 방정식은 주가 변동이 정규분포를 따른다는 전제하에 만들어진 것이므로 정규분포상에서는 거의 일어나지 않을 급락이나 급등 혹은 세계 정세의 변화에 따라 나타나는 변화를 예측하지 못하기 때문입니다. 이에 관해 숄즈는 다음과 같이 말한 바 있습니다.

모든 모델은 가정을 바탕으로 하며 저마다 오차가 존재하기 때문에 현실을 불완전하게 기술할 수밖에 없다.

실제로 20세기 말에는 블랙-숄즈 방정식의 고안자인 숄즈가 설립하여 자금을 운용하던 펀드가 파산하는 사건이 있었습니다. 또한 2008년 서브프라임 모기지 사태처럼 전 세계적으로 파생 상품으로 인한 위험이 발생할 때마다 파생 상품 시장을 확장시킨 블랙-숄즈 방정식에 책임을 묻는 목소리가 높아집니다. 그러나 전문가들은 이런 문제가 금융 이론을 만든 이들이 아니라 이를 이용하는 사람들의 행동 때문에 벌어지는 문제라고 지적합니다. 그러므로 투자의 세계에 '절대'란 없으며 언제나 위험이 따르는 법이라는 사실을 명심해야 합니다.

 **역사를 바꾼 결정적 수학**

- 블랙-숄즈 방정식은 이전까지 투자자의 감에 의해 결정되어 오던 옵션 가격을 객관적으로 산출하게 해줌으로써 금융 상품 시장이 성장하는 데 커다란 영향을 미쳤다.

- 블랙-숄즈 방정식은 식물학 연구 도중 발견된 브라운 운동을 아인슈타인이 수학적으로 분석하여 탄생한 랜덤 워크 이론 덕분에 만들어질 수 있었다.

수학이 쉬워지는 최소한의 세계사

수학이 만들어갈
세계를 상상하며

수학은 명시적으로 보이지 않더라도 역사에서 결정적인 역할을 해왔습니다. 역사의 전환점이 된 크고 작은 전쟁은 물론이고 현대의 금융 시장을 만든 기초 이론까지, 현재 우리가 살아가고 있는 세계에 수학이 미친 영향은 실로 지대합니다. 수학이 존재하지 않았다면 혹은 수학의 역사에서 무언가 달랐다면 세상은 지금과 다른 형태였을지도 모릅니다. 이렇게 생각하면 수학을, 그리고 우리가 사는 이 세상을 완전히 다른 시각으로 볼 수 있을 것입니다.

이 책에서 소개한 역사적인 사건들이 여러분의 수학에 대한 지적 호기심을 불러일으켰다면 더없이 기쁠 것입니다. 비록 역사적 사건과 수학적 개념 사이의 균형을 맞추기 위해 복잡한 수학 개념은 생략하거나 단순하게 소개했지만, 자세한 수학적 논리가 궁금하다면 다른 책을 찾아보며 호기심을 채워나가보기를 권합니다. 수학자들이 생각하는 방식, 즉 수학적 추론 능력을 익혀나가다 보면 어렵게만 느껴지던 수학이 친근하게 다가올 것입니다.

아울러 이 책에서는 비록 과거의 사건을 살펴보는 데 그쳤지만, 시선을 현재로 옮겨 우리 일상에 숨어 있는 수학의 영향과 자취를 찾아보면 또 다른 즐거움을 느낄 수 있습니다. 거리에서 마주치는 건축물이나 우리가 매일같이 사용하는 스마트폰에 내장된 기능, 일기예보의 정확도, 경제의 변동, 의료 기술의 진보 등 수학은 어디에나 존재합니다. 수학을 단순한 교과 지식이나 시험 문제로 받아들이는 데서 그치지 말고 한 걸음 더 나아가보세요.

배움에는 끝이 없습니다. 가능하다면 박물관이나 과학관에서 수학 또는 과학에 관련된 전시를 눈으로 보면서 직접 경험해보는 것도 좋습니다. 책에서만 보던 지식을 실제로 접해보면 색다른 관점을 얻을 수 있을 것입니다.

수학이 만들어갈 세계를 그리며 이 책을 마칩니다.

한국어판 출판사의 판단에 따라 한국어판에서는 세계사에 대한 이해를 돕기 위해 본문에 등장하는 주요 사건과 관련된 시각 자료를 추가했습니다. 퍼블릭 도메인은 따로 출처를 표기하지 않았습니다.

1장 기원전부터 중세까지 × 수학의 기틀이 만들어지다

21쪽, 〈학자의 초상〉, 도미니코 페티, 1620년.
29쪽, 〈아르키메데스의 갈고리〉, 줄리오 파리지, 1599-1600년.
33쪽, 〈아르키메데스의 거울〉, 줄리오 파리지, 1600년.
34쪽, 〈파라볼라 안테나〉. ⓒRichard Bartz.
39쪽, 〈아라비아 숫자의 발전 과정〉.
43쪽, 〈로마 주판 '아바쿠스'〉. ⓒOleksandr Babich.
44쪽, 〈알콰리즈미 기념 우표〉, 1983년.
46쪽, 『산반서』, 피렌체 국립 중앙도서관 소장, 1170년경.

2장 근세 × 수학이 세상을 설명하는 언어가 되다

53쪽, 〈루카 파치올리의 초상〉, 야코포 데바르바리, 1495년.
55쪽, 『산술집성』, 1523년. ⓒStockholms Universitetsbibliotek.
60쪽, 『신성 비례』 속 삽화, 레오나르도 다빈치, 1509년.
63쪽, 〈프랑수아 비에트의 초상〉, 다니엘 라벨 또는 장 라벨의 작품으로 추정, ????년.
66쪽, 〈성 바르톨로메오 축일의 학살〉, 프랑수아 뒤부아, 1972-1587년경.
68쪽, 〈카이사르 암호〉.
76쪽, 〈아브라함 드무아브르의 초상〉, 작자 미상, 1736년.
78쪽, 〈슬로터스 커피하우스 전경〉, 『미식가의 연감*The Epicure's Almanack*』 수록, 랠프 라이언스, 1815년.
86쪽, 〈에퀴터블 생명보험〉, 『뉴욕의 기관들*New York its institutions*』, 존 프란시스 리치몬드, 1870-1879년경.
91쪽, 〈다니엘 베르누이의 초상〉, 작자 미상, 1720-1725년경. ⓒBasel Historical Museum.
98쪽, 〈12콜레기아 건물과 고스티니 드보르 일부의 전경〉, 미하일 마하예프, 1753년.

109쪽, 〈니콜라 드 콩도르세의 초상〉, 작자 미상, 1789-1794년경.

110쪽, 『뉴턴 철학의 요소들*Elémens de la philosophie de Newton*』의 속표지, 루이펠릭스 들라
뤼, 1738년.

3장 근대 × 혼돈 속에서 질서를 찾아낸 수학

125쪽, 〈아돌프 케틀레의 초상〉, 『벨기에 왕립아카데미 연감*Annuaire de l'Académie royale
de Belgique*』 수록, 조제프 드만네즈, 1875년.

128쪽, 〈1830년 9월 브뤼셀 시청 광장의 에피소드〉, 구스타프 와페르스, 1835년.

137쪽, 〈플로렌스 나이팅게일의 초상〉, 헨리 헤링 촬영, 1860년경.

140쪽, 〈스쿠타리의 나이팅게일〉 또는 〈등불을 든 귀부인〉, 헨리에타 레이, 1891년.

142쪽, 〈동부 지역 육군에서의 사망 원인에 관한 다이어그램〉, 플로렌스 나이팅게일,
1858년.

143쪽, (상단)〈본국 주둔 군대와 해당 연령대 영국 남성 인구의 상대적 사망률을 나타낸
선 도표〉, 플로렌스 나이팅게일, 1858년.
(하단)〈현재 상태의 본국 주둔 군대를 나타내는 다이어그램〉, 플로렌스 나이팅게
일, 1858년.

148쪽, 〈빌프레도 파레토의 초상〉, 1870년대.

151쪽, 〈루미네 궁전〉. ©Boris Stroujko.

157쪽, 〈베니토 무솔리니의 초상〉, 『언론인으로서의 무솔리니*Mussolini als Journalist*』 수
록, 1939년.

160쪽, 〈트라팔가르 해전〉, 윌리엄 터너, 1806년.

171쪽, 〈트라팔가르 해전: 프랑스-스페인 함대를 돌파하는 영국 함대〉, 알렉산더 키스
존스턴, 1852년.

175쪽, 〈프랭크 벤포드의 초상〉, 1925년경.

189쪽, 〈앨런 튜링의 초상〉, 1951년.

193쪽, 〈블레츨리 파크 메인 하우스 전경〉, 2005년.

194쪽, 〈에니그마〉, 2012년. ©Alessandro Nassiri.

200쪽, (좌측) 〈제2차 세계대전 당시의 봄브〉, 1945년.
    (우측) 〈봄브의 드럼〉, 2011년. ©TedColes.
202쪽, 〈자동 계산 장치의 시제품〉, 2012년. ©Antoine Taveneaux.
205쪽, 〈존 폰 노이만의 초상〉, 1940년대. ©Los Alamos National Laboratory.
206쪽, 〈프린스턴 고등연구소 풀드홀 전경〉, 2023년. ©Zeete.
215쪽, 〈트리니티 실험으로 발생한 버섯구름〉, 1945년.

4장 현대 × 수학으로 평화의 시대를 열다

221쪽, 〈존 내시의 초상〉, 2011년. ©Economicforum.
227쪽, 〈존 내시의 프린스턴대학교 입학 추천서〉, 1948년.
231쪽, 〈냉전기 미국과 소련의 규모 비교〉, ©George.
235쪽, 〈1929년 주가 대폭락 직후 월스트리트에 모인 사람들〉, 1929년.
265쪽, 〈시카고옵션거래소〉, 1973년. ©CBOE Global Markets.

본 도서에 실린 이미지의 저작권자를 확인하기 위해 최선을 다하였으나, 누락이나 오류가 있을 수 있습니다. 이에 대해서는 향후 개정판에서 정정·보완하겠습니다.

수학이 쉬워지는 최소한의 세계사

1판 1쇄 발행 2026년 4월 6일
1판 2쇄 발행 2026년 4월 14일

지은이 후쿠스케
옮긴이 이정현
발행인 박명곤 **CEO** 박지성 **CFO** 김영은
기획편집1팀 채대광, 백환희, 이상지, 김진호
기획편집2팀 박일귀, 이은빈, 강민형, 박고은
기획편집3팀 이승미, 김윤아, 김수진
디자인팀 구경표, 유채민, 윤신혜, 권지혜
마케팅팀 임우열, 김은지, 전상미, 이호, 최고은

펴낸곳 (주)현대지성
출판등록 제406-2014-000124호
전화 070-7791-2136 **팩스** 0303-3444-2136
주소 서울시 강서구 마곡중앙6로 40, 장흥빌딩 10층
홈페이지 www.hdjisung.com **이메일(문의/제휴)** support@hdjisung.com
제작처 영신사

ⓒ 현대지성 2026

※ 이 책은 저작권법에 따라 보호받는 저작물이므로 무단 전재와 복제를 금합니다.

※ 잘못 만들어진 책은 구입하신 서점에서 교환해드립니다.

"Create Curious Contents"

현대지성은 호기심 어린 마음으로 작가님의 원고를 기다리고 있습니다.
원고 투고는 togo@hdjisung.com으로 보내주시면, 정성껏 검토 후 연락드리겠습니다.

이 책을 만든 사람들

기획·편집 김윤아 **디자인** 권지혜